杧果

精准栽培技术

◎ 刘德兵　著

中国农业科学技术出版社

图书在版编目（CIP）数据

杧果精准栽培技术 / 刘德兵著 . —北京：中国农业科学技术出版社，2017.9（2021.9重印）
ISBN 978-7-5116-3318-7

Ⅰ . ①杧… Ⅱ . ①刘… Ⅲ . ①杧果—果树园艺 Ⅳ . ① S667.7

中国版本图书馆 CIP 数据核字（2017）第 261907 号

责任编辑 张孝安 崔改泵
责任校对 贾海霞

出 版 者 中国农业科学技术出版社
北京市中关村南大街 12 号 邮编：100081
电　　话（010）82109708（编辑室）（010）82109704（发行部）
（010）82109703（读者服务部）
传　　真（010）82106650
网　　址 http://www.castp.cn
经 销 者 各地新华书店
印 刷 者 北京建宏印刷有限公司
开　　本 710 mm × 1 000 mm 1 /16
印　　张 10.75 彩插 8
字　　数 160 千字
版　　次 2017 年 9 月第 1 版 2021 年 9 月第 5 次印刷
定　　价 48.00 元

前 言
PREFACE

我国杧果栽培的历史亦很悠久，大约有 2 000 多年。在云南省的澜沧江、怒江、红河等流域，广西壮族自治区的百色十万大山，海南省的昌江、东方、乐东等县市，现仍有 100 年以上的杧果老树，少数地区还有野生杧果资源。据报道，在云南省江城县宝藏必宝藏中心小学校园左侧，有一株近千年的野生杧果树，现在仍然年年结果。作为我国物产记载的杧果，最初见于明嘉靖十四年(1535)、戴璟修的《广东通志初稿》，该志卷三十一《土产 · 果之属》记载:“果，种传外国，实大如鹅子状，生则酸，熟则甜，惟新会、香山有之。”

我国杧果虽栽培历史悠久，但作为商业化栽培，是近几十年的事情。从国内的分布来看，主产区主要分布在广西壮族自治区、广东省、海南省、云南省、福建省、四川省、台湾省等省区，贵州省和西藏自治区最近几年也开始大量引种。从栽培品种来看，主栽品种主要引自中国台湾及国外的一些品种，在各地进行驯化后推广栽培。从栽培技术来看，仍长期沿用传统的栽培管理技术，再加上由于国内杧果的主要栽培地仍以丘陵地、山地为主，栽培管理难度较大，新技术比较难以推广。肥水管理是果园管理中最基础的部分，更是其他管理技术实施的基础。笔者在杧果水分精准管理及水肥一体化方面进行了 10 余年的探索，积累了较为丰富的第一手资料。在长期的探索及走访中，深感实际生产中肥水实用技术的缺乏，进而导致其他技术措施即使实施了，但效果往往不尽如人意。鉴于此，笔者对10余年的基础数据进行了整理（所引用的数据为课题组成员共同完成），为了体现相关知识的完整性，对其他部分的相关内容亦进行了归纳，以供阅读参考。对于本书中所引用参考文献的相关专家和学者，在此一并致谢！

本书共8章，内容基本涵盖杧果的全部基础知识和栽培管理技术措施，既有一般常识的归纳总结，亦有最新的栽培管理技术措施介绍，可作为杧果生产者的参考，也可作为大专院校师生的教、学参考。

由于时间仓促及笔者水平有限，疏漏和不当之处在所难免，敬请专家、学者及同行批评指正。

刘德兵

2017年6月于海南儋州

目 录
CONTENTS

第一章 概述

杧果属漆树科（*Anacardiaceae*），杧果属（*Mangifera*）植物。英文名：Mango，拉丁学名：*Mangifera indica* L.。Mangifera 中包含 62 个种，其中约有 16 种的果实可以食用。

杧果（*M.indica* L.）是世界广泛用作商品性生产的唯一栽培种。其他果可食用的同属树种，其食用价值远不及栽培的 *M.indica* L.。此外，在我国少量栽培的有广西扁桃杧（*Mangifera persicifomis* C. Y. Wu et T. L. Ming）、冬杧（*M.hiemalis* J. Y. Ling，夏花冬熟），云南林生杧和海南臭杧等。

杧果栽培历史悠久，4 000 年前已有栽培，也是世界最主要的水果之一，全球年产量约 1 700 万 t，仅次于葡萄、香（大）蕉、柑橘和苹果，居世界主要水果产量的第五位。

一、杧果的营养价值与经济价值

果实营养价值高，可溶性固形物 14%~24.8%，杧果含糖量 11%~19%、蛋白质 0.65%~1.31%，每 100g 果肉含胡萝卜素 2 281~6 304mg，而且人体必需的微量元素（硒、钙、磷、钾等）含量也很高。尤其维生素 A 的含量远远超过其他水果，每百克果肉的含量达 0.6~25.9mg（600~25 9401IU），优良品种如吕宋杧果为 2.5~5.0mg，为一般水果的 10 倍以上。其色香味具佳，是世界上五大热带名果（杧果、番荔枝、荔枝、山竹子和菠萝）之一。具有“果王”（King fruit）“热带果王”和“热带苹果”的美称。

杧果其用途广，鲜食、加工均可，可加工糖水片、果酱、蜜饯、脱水杧果片、话杧、盐渍或酸辣杧果、凉果、果汁、果冻、果粉、糖水罐头、果酒等几十种食品；叶可作药用和清凉饮料，种子可提取蛋白质、淀粉、脂肪，如表1-1所示。

其亦可作行道树，树形美观，尤其是广西扁桃（桃叶杧），为著名绿化树种之一，在广州、深圳、厦门等地常用桃叶杧作行道树。

表1-1　杧果等水果营养成分（每百克果肉的含量）

种类	糖（g）	蛋白质（g）	脂肪（g）	矿物质（g）	维生素A（mg）	维生素B_1（mg）	维生素B_2（mg）	维生素C（mg）
杧果	11.8~24.3	0.3~1.0	0.1~0.9	0.3~0.5	0.6~25.9	0.03~0.09	0.1~0.5	5~14.2
甜橙	10.6~11.6	0.9	0.3	0.4	0.32~0.35	0.05~0.12	0.06	53~66
香蕉	26.5~36.4	0.87~1.75	0.13~0.3	0.7~0.99	0.1~0.35	0.02~0.05	0.03~0.07	1~14.6
菠萝	12~13.6	0.46~0.6	0.10~0.21	0.3~0.5	0.06~0.25	0.085	0.03~0.12	10~63
葡萄	10.2~16.9	0.45~0.8	0.1~0.19	0.21~0.44	0.015~0.1	0.04~0.07	0.01~0.04	2~3
苹果	13.4	0.3	0.1	0.3	—	0.12	0.03	2

资料来源：综合国外分析资料6编

二、杧果的国际贸易及发展前景

由于杧果贮运、保鲜困难与运费昂贵，其国际贸易量不大，一般以产地自销为主。全世界杧果鲜果贸易量约为15万t，仅占世界产量的0.8%左右，如果加上鲜果肉及各种加工制品的贸易，可达2%~3%。但从发展趋势看，杧果的鲜果和加工产品国际贸易量在不断增加。有资料报道，1980年杧果鲜果出口量为5万t，至1986年增加到9.6万t，7年内出口量增加1倍。欧洲是主要进口市场之一，20世纪70年代进口量仅2 000t左右，但到1987年其进口量增加到 28 000t；美国、日本的进口也有较大幅度的增加。加之近年产品不断创新，也扩大了销量。目前主要出口国依次是墨西哥（6 万 t）、菲律宾（1.34 万 t）、印度和巴基斯坦（各约 1 万 t）、泰国（0.9 万 t）、委内瑞拉（0.4 万 t）、海地（0.37 万 t）、巴西（0.3 万 t）和意大利（0.27 万 t），其他国家如马里、上沃尔特、塞内加尔、扎伊尔、以色列、南非和澳大利亚等都有少量出口。近年越南、缅甸也有少量出口。主要进口国依次为美国、沙特阿拉伯、英国、阿拉伯联合酋长国、法国、新加坡和日本；俄罗斯、加拿大、伊拉克、科威特、德国、荷兰、马来西亚、尼日利亚和埃塞俄比亚等国也有进口。近年，中国也从菲律宾、越南和缅甸进口杧果。有人预言，随着科学技术和海上运输业的发展，杧果的世界贸易量也会飞跃发展。

三、杧果的栽培历史与分布

（一）世界栽培历史与分布

杧果原产于亚洲南部热带地区——印度至东南亚一带（印度、缅甸、中国南部、马来群岛、印度尼西亚、菲律宾一带）。栽培历史最久、面积最大的国家为印度（面积约 100 万 hm^2，产量占世界的 63% 左右），中国有 1 300 多年。世界目前有 100 多个国家和地区种植，主要集中在：印度、中国、菲律宾、泰国、印度尼西亚、美国夏威夷和佛罗里达、中南美洲国家及加勒比海各国、澳大利亚西部至新南威尔士及非洲，这些国家的年产量都超过 10 万 t。

世界杧果分布于南北纬 28° ~30° 热带和亚热带的国家和地区，其中亚洲占 77%，美洲占 13%，大洋洲占 1%，非洲占 9%。与其他水果比较，生产量仅次于柑橘（>22%）、香（大）蕉（>21%）、葡萄（15%）、苹果（11%），而居第五位。在热带水果中，居第三位。从杧果生产量来看，逐年呈递增趋势，但仅占世界水果总产的 5% 左右，如表 1-2 所示。

主要出口国有：墨西哥（41.1%）、菲律宾（10.3%）、巴基斯坦（7.9%）、印度（5.3%）、荷兰（2.0%）和危地马拉（2.0%）。

主要进口国有：美国（23.1%）、欧共体（9.5%）、中国香港（4.65%）、日本（2.5%）和阿拉伯联合酋长国（1.5% ）。

表 1-2　2010—2013 年世界主要国家杧果生产情况　（万 t/hm^2）

地域	2010 年		2011 年		2012 年		2013 年	
	面积	产量	面积	产量	面积	产量	面积	产量
中 国	249 000	212.7	269 000	212.6	279 000	312.0	289 500	321.5
巴 西	66 838	60.0	61 213	60.0	67 590	53.8	67 500	54.0
菲律宾	115 066	93.2	132 232	93.2	133 911	84.8	135 000	88.4
墨西哥	153 896	150.4	15 252	144.9	154 304	135.9	150 078	1 445.8
泰 国	137 000	125.0	135 000	125.0	135 000	135.0	135 000	135.0
印 度	1 400 000	120.0	1 400 000	1 200.0	1 400 000	1 150.0	140 000	1 150.0
印度尼西亚	140 000	60.0	145 000	30.0	165 000	87.6	165 000	195.0
世 界	2 927 186	2 378.4	3 000 366	2 380.0	3 029 116	2 503.5	3 036 343	2 510.4

资料来源：摘自 FAO 网站

（二）我国栽培史与分布

我国栽培杧果有上千年的历史，相传唐玄奘赴印度取经时引进杧果，他在《大唐西域记》一书中提到杧果。陈藏器的《本草拾遗》(739 年) 也记载了杧果。在云南省的西双版纳林中可见到高 20m 或更高、经围 2~3m、主干高且直的野生冬杧（*Mangifera hiemalis* Ling）资源，云南省也有多个种和众多的品种（或类型）。所以，有人认为，我国华南地区也是杧果原产地之一。

我国杧果生态适宜区主要集中在干热地区，稳产优质，如海南省的昌化江流域，广东省的雷州半岛西海岸，云南省的怒江、澜沧江、红河，四川省的金沙江支流安宁河，广西壮族自治区的右江等流域的河谷地区。主要分布于广东省、海南省、广西壮族自治区、福建省、云南省、四川省、贵州省、台湾省等省区，浙江省温州市也曾试种，并能开花、结果。其中，广东省湛江、徐闻、海康、吴川、高州，海南省的东方、昌江、乐东、三亚、陵水，广西壮族自治区的百色、田东、田阳、南宁、扶绥、龙州、浦北、合浦、博白，福建省的安溪、漳州、云霄，云南省的德宏、西双版纳、思茅、红河、保山，四川省的攀枝花、凉山和贵州省的望谟县等地区栽培较多，如表 1-3 所示。

表 1-3 2011 年、2012 年、2015 年我国杧果生产情况（万亩[*]/t）

地域	2011 年			2012 年			2015 年		
	实有面积	收获面积	产量	实有面积	收获面积	产量	实有面积	收获面积	产量
广东	46.38	34.36	23.55	40.96	31.45	21.01	27.6	—	22.1
广西	57.78	38.87	12.02	62.54	33.32	10.9	104.3	—	49.9
海南	57.2	28.4	10	59.56	31.84	9.3	71.4	—	50.9
福建	2.3	1.53	0.88	—	—	—	1.45	—	1.07
云南	23.7	2.1	12.6	22.55	11.7	16.34	53.4	—	32.9
四川	4.17	13.1	5.24	4.18	13.141	5.28	35.3	—	8.6
全国	191.5	118.4	64.29	189.8	121.4	62.83	295.7	—	166.4

资料来源：农业部南亚办

海南省栽培杧果有数百年历史，杧果自然分布主要是在昌江县、东方县、乐东县至三亚市一带。20 世纪 60 年代以来开始发展商品生产，尤以 80 年代发展更快，至 1995 年年底全省栽培面积达 2.71 万 hm^2，收获面积 7 080hm^2，年产量 2.86 万 t。栽培较多的市、县依次为昌江县、东方县、三亚市、乐东县、儋州市和万宁市，产量较高的依次为三亚市、东方县、万宁市、昌江县和乐东县。

过去，我国的杧果生产存在的技术问题较多，严重影响了杧果生产发展。由于近期我国自己培育了多个稳产优质新品种并配套推广了杧果密植栽培技术，果品贮运条件逐步改善，销售范围不断扩大等多种因素，栽培杧果的经济效益大幅上升。因此杧果生产无论在栽培面积上、管理技术上，单位面积产量上、栽培地区范围上均有空前的发展与提高。

四、我国杧果生产中存在的问题

1. 栽培管理技术落后、粗放，产量低且不稳，商品率低

我国杧果栽培面积较大，但总体说来单位面积产量低，出口量极小，杧果

* 1 亩 ≈ 667m^2，15 亩 =1hm^2，全书同

生产尚存在很多问题。

2. 品种选育落后，没有形成良种规模化、区域化、产业化

我国虽然拥有许多世界著名商业品种，但能有大面积推广的优良品种却少，且由于盲目引种，没有形成良种规模化、区域化、产业化，无真正区域品牌。

3. 品种繁杂，良莠不齐，且结构不合理

由于种苗市场失控，部分地区种苗非常混乱，良莠不齐，以假乱真。同时，由于自主经营，缺乏统一调控，早、中、晚熟品种结构不合理，往往导致丰产不丰收。

4. 自然灾害多，病虫害严重

由于近年杧果栽培效益不断提高，很多地方出现了盲目引种，未能做到因地制宜发展杧果生产，再加上不注意花期调节，常遇低温阴雨天气、花多果少，不仅广种薄收，且产量不稳定，外观和品质较差，经济效益不理想。

5. 优质、标准化生产水平低，单产低

滥用化肥与农药，外观差，售价低。总体说来商品意识不强。选用品种、整形修剪、水肥管理、防病防虫和保护果实、增进外观等技术措施贯彻不力，不能按商品果标准的要求生产鲜果，影响我国杧果的整体声誉。

6. 贮运、保鲜、包装技术落后，难以远销、出口

生产上突出的问题是：过早采收、采收不合要求，保鲜、包装及运输技术落后，很多产品只能就地销售，不能运销外地或出口，进一步影响了经济效益。

五、发展对策

1. 加强杧果品种选育和推广，科学调整品种结构

加强杧果种质资源及选育种研究，在此基础上加大优良品种的推广力度，提高品质和产量。在选择品种上，应根据气候环境，因地制宜，对早、中、晚熟品种进行合理搭配和产期调节，使我国杧果产业朝品种良种化、品质优质化、产期周年化的方向不断开拓发展。

2. 加大科技投入力度，培养科技队伍

从当地政府到生产者，都要重视产前、产中、产后的科技投入，加强标准化生产技术的研究和推广，提高产业的科技含量，为产业发展、升级打下基础。加大科技推广队伍的培养力度，培养高素质的科技人员和果农队伍。

3. 加强杧果采后商品化处理技术的研究和引进

通过加强杧果采后商品化处理技术和设备的研发力度，结合对国外先进技术和设备引进、消化和吸收，提高我国杧果商品化生产水平。同时，通过在生产中推广、普及杧果采后商品化处理技术，提高其附加值和经济效益。

4. 扶持发展龙头企业

各级政府应从政策上引导和扶持发展杧果产业龙头企业。龙头企业和果农通过建立利益共享、风险共担的机制开展合作经营，建设示范基地，扩大种植规模，带动产区农民发展产业化经营，促进生产向规模化、集约化、产业化方向发展。

5. 建立完善的杧果标准化生产技术体系，带动品牌战略的实施

以科学技术和实践经验为基础，把先进的科技成果转化为标准，建立完善的标准化生产技术体系并加以实施，使杧果生产、加工、管理和服务实现标准化。同时，通过加速杧果品种更新，实施标准化生产，以政策引导、信息服务等手段，逐步实施杧果品牌战略，带动产业升级。

6. 增强政府社会化服务意识，促进杧果产业化发展

当地政府应进一步增强服务意识，在企业与果农的合作、小额贷款、技术创新、科技推广、信息网络、产区交通和交易市场建设等方面加大扶持力度，探索并形成保障果农利益的机制，打消果农在土地资源整合及推进产业化进程中的顾虑，使果农作为主体积极参与杧果产业化进程。对利用荒山、荒坡资源开发杧果生产基地等项目，政府相关部门应在财政、信贷等方面加大扶持力度，以促进产业化发展。

7. 加强杧果预警预报系统建设，保证杧果产业安全。

随着我国加入 WTO 及中国—东盟自由贸易区的建立，杧果产业面临严峻的挑战。为保障我国杧果产业安全，必须加快建立我国杧果进出口预警机制，同时，还要加强对杧果病虫害的预测预报和防治研究。

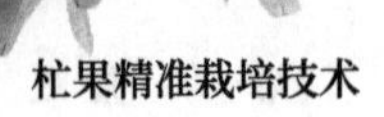

8. 充分利用新型销售手段

近年来，随着电商的迅猛发展，精品化、高端化的杧果果品备受青睐，经济效益明显提高，无疑给杧果的高效益销售提供了新的参考。

六、科研进展情况

1. 资源和选育种研究

我国杧果有7个种，即杧果（*Mangifera indica* L.）、冬杧（*M. heimalis* J. Y. Liang）、扁桃杧（*M. persiciformis* C. Y. Wu et T. L. Ming）、暹罗杧（*M. siamensis* Warbex Craib）、长梗杧（*M. longipes* Griff）、林生杧（*M. sylvalica* Roxb.）和云南野杧（*M. austroyunanensis* Hu.）。目前我国已收集引进种质资源超过140份，其中大面积栽培的商业品种有25~35个。我国自20世纪50年代开始进行杧果引种试种及资源调查、收集和保存工作，到目前为止，已收集保存了2个以上的品种，300多份种质。对收集保存的种质开展了植物学特征、生物学特性和农艺性状等的鉴定评价工作，并应用分子标记技术对种质进行遗传多样性研究，选育出了多个具有自主知识产权的新品种。其中，紫花杧、桂香杧、红象牙杧、桂热杧1号、桂热杧82号、金穗杧、乳杧等品种先后在生产中大面积推广应用。

2. 生产技术研究

（1）栽培技术　随着近年来国家对杧果产业投入资金的增加及各主产区一些主要企业的发展壮大，各级科研机构在标准化生产技术研究方面取得了一系列成果，制订了系列标准，如GB/T 1534—29《杧果贮藏导则》、NY/T 59—22《杧果 嫁接苗》、NY/T492—22《杧果》、NY/T 88—24《杧果栽培技术规程》、SN/T 1839—26《进出境杧果检疫规程》、NY/T1476—27《杧果病虫害防治技术规范》等，初步形成标准技术体系。同时，通过与我国台湾省和国外开展科技合作与交流，引进对方先进的标准化生产技术在生产中示范推广。目前，我国杧果栽培技术包括育苗、种植、栽培管理、高接换冠、果实套袋等日趋成熟，为我国杧果产业稳定发展提供了强有力的技术支撑。但由于我国不同杧果产区的气候条件不同，产期调节、养分综合管理、病虫害高效综合防治等关键技术问题仍未得到根本解决。目前，有关科研单位正不断深入地积极开展试验研究，并取得初步进展。

（2）*采后处理和加工技术* 目前，国内杧果采后处理技术简单且设备匮乏。果实采后主要靠手工分级，然后进行简易包装，用普通卡车运输。在国内能严格按照清洗、热处理杀菌、分级、打蜡、包装和冷链运输等系列商品化处理的生产企业几乎为零，极大地影响杧果贮运、销售和市场竞争力，给生产带来重大损失，直接影响杧果生产的经济效益和产业的持续稳定发展。

在杧果加工方面，早在20世纪90年代，国内有关科研单位及院校就开展了相关研究，初步研制出杧果汁加工工艺、速冻杧果生产线、杧果蜜饯生产线、杧果果脯生产线、脱水杧果块生产线和设备，但由于诸多关键技术问题尚未攻克，设备与工艺仍有待改进，我国加工企业仍主要以引进国外先进的设备和技术为主，加上国内加工企业少，因此，仍然以鲜果销售为主，从而常导致丰产年份果实供过于求而出现销售难的现象。

杧果生产的副产物，包括杧果叶、杧果核含有丰富的生理活性成分，还是重要的植物药材，其开发利用已引起国际上的广泛关注。在国内，广西中医药大学在杧果叶活性物质提取方面开展了系统、深入的研究，成功从杧果叶提取杧果苷并用于中药制药，取得了较好的效果。

第二章
杜果的类型和品种

一、杧果的类型

杧果属（*Mangifera* L.）有 39 个种（Makherjee，1985）。而商业栽培种均属 M.indica 这一种。由于栽培历史悠久，分布范围广，且过去多采用实生繁殖，因而变异较多，形成的品种、品系也很多，估计全世界有 1 000 多个品种，我国目前也有 100~200 个。

国外学者曾根据这些众多的品种的生态特征、分布地区进行分类，有人将杧果品种分为 4 个品种群（品种类型）：菲律宾品种群、印度支那品种群、印度品种群及西印度品种群。也有学者将其分为 3 个品种群：印度支那品种群、印度尼西亚品种群与印度品种群；还有人将其分为更多的品种群。目前我国常用一种简单的品种分类方法，是根据品种的种子特征将杧果品种分为单胚和多胚两个类群。

图 2-1　杧果单胚

1. 按胚性特征分类

（1）单胚类型　种子单胚，如图 2-1 所示，仅有一个合子胚和两片子叶，播种后仅能长出一株苗，实生树变异性大、不能保持母本的性状，后代性状变异大，但利于选育种，许多品种就是从单胚品种的实生后代中选出。如美国的许多红杧品种就是从印度单胚品种中（Neelun Dashehari）选出。果近圆形，颜色鲜艳（深黄色、深黄或橙黄色带红色、红带黄色），在欧美市场很受欢迎，未成熟果多有特殊气味。树皮较粗糙。

图 2-2　杧果多胚

品种举例：Neelum 、Dashehari、Hadden、Zill 、台农 1 号、金煌杧、Tommy、Atkins、keitt、紫花杧、桂香杧、粤西 1 号、红杧系列等。印度、巴基斯坦、孟加拉国的品种及实生后代如红杧类均属单胚类型。

（2）多胚类型　种子多胚，其中一个为合子胚，其余为株心胚，但合子胚多不发育，实生苗多由珠心胚发育而成，因而后代多能保持母本性状，如图 2-2 所示。种子播后可长出 2~8 株苗，其中合子胚多不发育，而珠心胚发育可长出苗。果形为椭圆形、卵肾形，果皮黄绿色、金黄、深黄，纤维少，乳白，种子长而扁薄、风味好。树皮较光滑。在日本及东南亚地区较受欢迎，尤其是黄色品种如吕宋、南德迈。

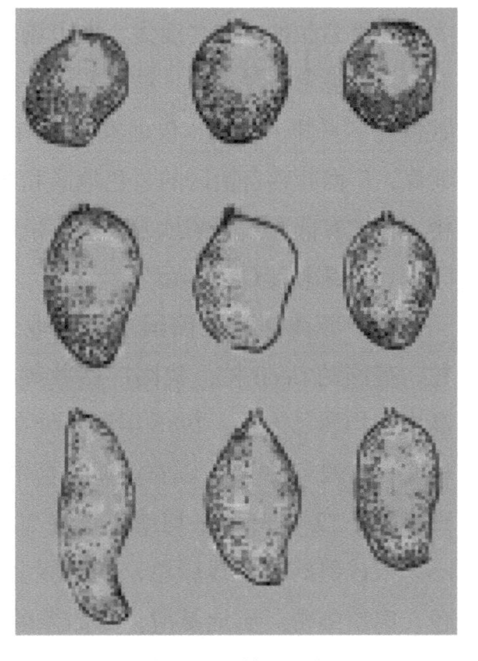

图 2-3　杧果形状

品种举例：Carabao（吕宋）、白象牙、白玉、青皮、南德迈（Nomdor mai）等。菲律宾、泰国、印度、斯里

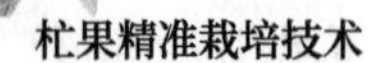

兰卡等国的杧果品种多属多胚类型。

2. 按生态类型分类

可将杧果分为：印度杧果品种群、印支（中国、越南、老挝和柬埔寨）和菲律宾品种群以及印度尼西亚杧果品种群，如图 2–3 所示。

3. 按果形分类

可将杧果分为：分长果形、圆果形和不定果形，如图 2–3 所示。

4. 按收获期分类

可将杧果分为：早熟品种、中熟品种和晚熟品种。

二、杧果的主要商业栽培品种

国内商业栽培种有 100 多个，海南省有近百个，但广泛栽培的仅 20 余个品种，依据其经济性状和适应性可以归作以下三大类。

（一）优质品种

果实品质好，风味优，口感好，适于鲜食，果形及外观也较吸引人，且多为世界著名品种，知名度大，在市场较受消费者欢迎，售价较高。但这类品种对栽培环境条件要求高，适应范围狭窄，产量不稳，花期很不耐低温阴雨，多数情况下只开一批花，仅适宜于海南省的西部和南部，云南省的元江、怒江、元谋，广西壮族自治区的百色地区和四川省的攀枝花地区等冬春干旱的地区种植。在常有低温阴雨的地方产量不稳定。主要品种如下。

1. 吕宋杧（Carabao）

原产菲律宾，是该国主要商业栽培品种和出口品种。墨西哥的 Manila 杧，美国的 Cecil 杧，我国广西壮族自治区的田阳香杧、金钱杧和海南省的高农杧均属吕宋杧。1986 年该品种在广东省的稀优水果品种评选中获优质品种奖，1992 年中国首届农业博览会中也获奖。该品种果实卵状长椭圆形、果形指数 1.72~1.85，平均单果重约 200g。腹肩常有浅短的沟，果喙明显而尖小。未成熟的果实浅绿色，成熟后金黄色，常披果粉，鲜艳美观。果肉深黄色，肉质细密。质地腻滑，味甜微酸，无纤维感，鲜食品质优，可食部分高达 72%~77%。种子薄，约占果重的 1/10，多胚。在干旱地区较高产、稳产，

4~6 龄芽接树亩产可达 350~500kg，13 龄树平均株产达 57~63kg。在海南 5—7 月熟，在中国大陆 7—8 月熟。果实较耐贮运，货架寿命也较长。

2. 白象牙杧（Nang Klangwan）

原产泰国，是该国主要出口品种之一。1930 年传入我国海南地区，现为海南省和云南省的主要商业栽培种之一，1986 年被广东省评为优质品种。

该品种嫁接苗植后 3~4 年结果，5~6 龄树平均亩产 146~488kg。在海南省 5—6 月成熟，在云南省 7 月成熟。果实长，似象牙，果形指数 2.65~2.71。果基圆，果顶呈钩状，未成熟的果实灰绿色或浅绿色，成熟时浅黄至金黄色，向阳的果实有时有红晕，外观吸引人。果肉浅黄色，肉质致密，腻滑，味清甜，无纤维感，品质上乘。可食部分占 72%~73%，种子薄，略呈弯刀形，种子占果重的 1/10 左右，多胚。

3. 黄象牙杧

又名云南象牙杧，三亚名“大头象牙”，原产泰国，1872 年引入云南省景谷县，在云南省栽培较多。与白象牙杧比较其果实较宽较短，果肩较大，果顶较尖小，果皮较粗糙。果肉颜色较黄，有椰乳香气，植株形态也有差异。过去认为产量较低，裂果较多，但有些年份，产量与白象牙杧相仿，外观稍差，然品质稍好，坐果率较低。此外，白象牙杧的实生变异株系——海豹杧，品质和产量也不逊于白象牙杧。

4. 白玉杧

又名“文昌白玉杧”。20 世纪 30 年代引入文昌县，1964 年华南热带作物学院收集试种，产量与品质均好，遂加推广。1986 年被广东省评为优质品种，现正在海南省扩大栽培。该品种较早结果，丰产稳产。嫁接树植后 3 年结果，5~6 龄芽接树苗产可达 300~500kg，10 龄树单树产量 40~50kg，成熟期与白象牙相近。果实长椭圆形，果形指数 2.1。平均单果重 200~250g。表皮光滑，有花纹及白点，青果灰绿色或浅绿色，有果粉。成熟后果皮呈乳黄至浅黄色。果肉浅黄色。品质和风味与白象牙杧相近，但甜味更浓，品质上乘。

5. 大白玉杧

海南品种，来源不详。1964 年引入华南热带作物学院，果形、外观、品质都比较好。1980 年引种至云南省，现已成为云南省的主栽品种之一。在海南

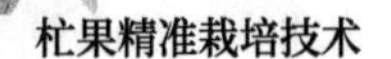

省年年结果，5~6 龄芽接树亩产可达 300~500kg 或更高，产量与白玉杧相当。5—7 月成熟，果实较大，单果重 300~400g。果实呈卵肾形或长椭圆形，果皮浅黄至黄色，果肉浅黄色。品质和风味与白玉杧相似，是有发展前途的品种。

6. 椰香杧（Dashehari）

又名“鸡蛋杧”，台湾名“大益利”，原产印度，是印度半岛三国的主栽品种之一。1955 年，印度尼赫鲁总理将其送给我国周恩来总理，保存于广州省。1963—1964 年引入海南岛，1986 年被广东省评为优质品种。现在是海南省西南干旱地区的主栽品种之一。近年在广州市场较受欢迎，据反映在北方也受青睐。

椰香杧树势健壮，嫁接苗植后 3~4 年可结果，6 龄芽接树亩产可达 600kg。5—7 月有收获。平均果重 120~150g，但在水肥充足的环境下发育的单果重也可达 200g。果卵形或长卵形，果皮较厚，成熟时暗绿带黄色或深黄色，表皮光滑、美观。果肉橙黄或橙红色，组织细密，肉结纤维少，质腻滑，味浓甜，具椰乳芳香，品质上乘。由于果皮较厚较硬，果实能抗果实蝇为害。在干旱而阳光充足的环境下结果好，产量高。但在高产年植株易衰竭而导致当年不抽梢，次年会减产或歉收。故丰产必须加强采果前的水肥管理，防止植株衰竭；采果后及时补充肥料和修剪，促进植株抽梢，保证来年的产量。此外，椰香杧较易感白粉病。在三亚地区，椰香杧较抗流胶病，最易感流胶病的品种是留香杧，其次是小青皮杧，应注意防治。

7. 泰国白花杧（Okrong）

又名“青皮杧”“小青皮”或“泰国杧”，原产泰国，为该国主要栽培品种之一。其主要特征是果实自腹肩至果腹有一条明显的沟槽（称腹沟）。

20 世纪 30 年代起，先后引进海南文昌、三亚、广州等地，1970 年和 1981 年广西和华南热作学院又先后自泰国引入嫁接苗。1986 年在广东省获优质品种奖。现为海南省和云南省的主要商业栽培种之一。

该品种在海南省 5—6 月成熟，广东省和云南省 7 月成熟，广西壮族自治区南宁地区 8 月成熟。果实卵形至卵肾形，单果重约 200g。成熟时果实暗绿色至暗黄色。肉质较腻滑，味浓甜而芳香，纤维较少，可食部分高达 75%，品质优良。种子薄，种仁占种壳的 1/3，多胚，整个种子占果重的 10% 左右。产量中等，较易感流胶病。海南省还有一种大青皮杧，也是 20 世纪 30 年代引入。植株形态与青皮杧极相似，但叶片和果实较大。平均单果重约350g，腹沟短浅或不明显。果实较饱满，果肉汁多，纤维更少，质地更腻滑，糖度比小青皮低，水分多，不耐贮藏。

8. 金煌杧（Chiin Hwang）

为台湾省地方选种（该品种是白象牙杧和凯特杧的自然杂交后代），以品质优良饮誉台湾岛，近年引入海南省。植后3年开花结果，在三亚市4月底至5月中成熟，在琼海地区6月中成熟。树势强，树冠高大，花朵大而稀疏。果实硕大，长卵形或直象牙形，果长为果宽的2倍或更大，单果重500~1 400g。完熟的果实橙红色，果肉深黄色至橙黄色，向阳面淡红色。果汁多，组织细密，味甜而偏淡，无纤维感，质地腻滑，品质良好，耐贮藏。平均单果重1 200g，最大果重可达2 400g。含可溶性固形物15%~16%，总糖13.44%，有机酸0.07%，维生素C 7.2mg/100g，可食部分70%以上。种子特扁薄，一般仅占果重的6%~7%。据台湾省资料介绍，金煌杧花期忍受低温阴雨天气能力较强。1996年受低温阴雨影响，在琼海地区其他品种结果很少或失败，但该品种仍能正常开花结果。该品种肉质虽嫩滑，而风味偏淡，香气不足。中熟，抗炭疽病。

9. 台农1号（Tainong No.1）

为台湾省凤山热带园艺分所用海顿与爱文杂交选育的矮生新品种，树矮，节间短，叶窄小，抗风抗病力强，坐果率高。早熟种，树冠粗壮，生势壮旺，直立，开花早，花期长。较抗炭疽病，适应性广，耐贮运、货架寿命长。近年引入海南省，在三亚市试种，表现较丰产。嫁接苗植后3年开花结果，单株产量可达5~10kg或更高。4月底至5月上旬成熟，果实呈尖宽卵形，稍扁，单果重150~200g。完熟的果实黄色，近果肩半部常带胭脂红色，外观美丽。果肉深黄色，组织较细密，味甜，纤维少，质地较细滑，品质良好。果汁多，味清甜爽口，品质佳，商品性好，可溶性固形物16.8%，总糖16.76%，有机酸0.12%，维生素C 4.5mg/100g，可食部分60.6%。对炭疽病抗性强，但带有涩味。

10. 黄玉杧

1938年引入海南省农业科学研究所，原名为“泰国杧”，1967年海南杧果鉴定小组将其编号为“503”，命名为“黄玉”。但后来从福建省厦门市引入的“缅甸杧”结出同样的果实，树形、叶形也极其相似，故原产地不详。该品种在本省南部分布颇广，但都零星栽培，颇丰产。嫁接苗植后 3 年结果，5—6 月收获，果实宽椭圆形，深黄色，组织细密，风味、质量与吕宋杧近似，但味稍淡，香味也不如吕宋杧，品质良好。果实含可溶性固形物 16.7%，总糖 15.8%，总酸 0.223%，维生素 C 36.5mg/100g，可食部分 76.0%。在干热地区高产稳产。

11. 贵妃杧

又名红金龙，为台湾省选育品种，1997 年引入海南省。该品种长势强壮，早产、丰产，四五年生嫁接树单株产量为 20~30kg 或者更高，年年结果，结果性能不亚于台农一号，但比之更早熟。果实长椭圆形，果顶较尖小，果形近似吕宋杧，单果重 300~500g。未成熟果紫红色，成熟后底色深黄，黄色带彩色，无任何斑点，艳丽吸引人。成熟时呈核小无纤维，水分充足。在收获期天旱而光照充足时，果实较耐贮运，味甜芳香，一般无松香味，可溶性固形物 14%~18%，种子单胚。目前在海南省已经成为主栽品种之一。

另有大小之分，小贵妃杧约 150g/ 个，大的重 500~600g/ 个。

（二）适应性强、高产稳产品种

这类品种有多次开花结果的特点，适应性较强，无论在花期干旱还是冬春有低温阴雨的地方种植都能有较好的收成，多数能年年结果。但在商业品质上或多或少存在一些问题。目前栽培较多的品种有秋杧、紫花杧、桂香杧、串杧和粤西 1 号等。

1. 秋杧（Neclum）

又名“901”“印度 1 号”，原产印度，是该国重要商业品种之一。1957 年印中友协送给我国前农业部长廖鲁言，保存于华南热带作物科学研究院。

该品种植株矮小，树型紧凑，非生产期短，丰产稳产而品种较好，风害较轻，适应性较强。在密植的情况下，植后第 3 年亩产可达 700kg，第 4 年为 1 000kg，第 5 年为 1 500kg，现为海南省的主要栽培品种和果汁加工品种。广东省和广西壮族自治区也有一定的栽培面积。该品种较迟熟，在海南省 6 月初至 7 月下旬收获，在广西壮族自治区 8 月下旬至 9 月初成熟。果实斜卵形，平均果重 200~250g。成熟时果实金黄色至深黄色，果肉橙黄色。肉质较细滑，味浓甜而带椰乳芳香，纤维较少，鲜食品质较好。果实较耐贮运。在开花结果期干旱而阳光充足的地方（或年份）果实外观较好。海南省东方县产的秋杧在广州市已有一定的销路，价格也较好。但在果实发育期雨水多、湿度大时，果实易得炭疽病、煤烟病和细菌性角斑病，果皮粗，外观差。因其迟熟也易遭受台风为害。此外，该品种在水肥不足，尤其缺水的情况下果实变小，产量不高。

在杂交育种方面，由于具高产、优质、早结、矮生的特性，常被选作杂交亲本。

2. 粤西 1 号杧

该品种是吕宋杧的实生变异后代，由华南热带作物科学研究院南亚热带作物研究所选育成功，其植株形态与吕宋杧极其相似，但叶色稍黄，叶形多呈卵状椭圆披针形，叶尖钝尖。

嫁接树植后 2~3 年可结果，树冠达 4m 时单株产量可达 40~50kg。在湛江市，4~5 龄树亩产可达 600~2 000kg。成熟期与吕宋杧相近。在海南省 5—7 月成熟，在广东省 7 月中下旬成熟。果较小，平均果重 120~150g。果实呈长卵形，果顶尖小，果实横切面几乎呈圆形。成熟时果皮金黄色至深黄色，果肉深黄至橙黄色，肉质较腻滑，纤维中等偏小，味甜带酸。但偏淡，一般含糖量 11%~13%，高者亦有 15%~16%。种壳较厚，种仁几乎充满种壳，品质比吕宋杧差，但在广东市场反映较好。

该品种对低温阴雨的抗性比其他品种强，较高产稳产、早熟，外观和品质也较好，在广东省有一定的市场。近年，在广东省有较大的发展。琼中县一个体户 3 年前种粤西 1 号 40 余株，2016 年因低温阴雨，该地紫花杧等其他品种结果不好，但他种的粤西 1 号仍有较好的收成，所以在海南省中北部地区也可考虑发展该品种。

3. 紫花杧

该品种是 20 世纪 80 年代广西大学农学院从泰国杧实生苗后代中选育成的品种，植株生势健壮，枝条直而较开展。较早结果，丰产、稳产性较强。嫁接苗植后 3~4 年结果，6 龄嫁接树亩产可达 1 000kg 或更高。在光照充足的情况下能年年结果，外观较好。在海南省 6—7 月成熟；在广东省和广西壮族自治区 8 月成熟。平均果重 200~250g，果实外型美观，呈长椭圆形，两端尖，果皮灰绿色，向阳面浅红黄色，成熟后皮色鲜黄。但在果实发育期多雨或光照不足时果实外观较差。果肉橙黄色，酸甜适中，品质中上，较耐贮运，也适宜于加工果汁或蜜饯，可食部分占73%。对低温反应敏感，不抗寒，抽花序整齐，因而易受寒害。该品种为两广的主栽品种之一，近年海南省杧果次适宜区也有一定的种植面积。

4. 桂香杧

是鹰嘴杧与秋杧的杂交后代，由广西农学院培育成，也是两广主栽品种之一，较丰产，在海南省6—7月成熟；广东省和广西壮族自治区8月成熟。果实近卵形，果顶尖，偏向果腹一侧，果较大，平均果重350~400g。成熟时果皮绿或黄绿色，果肉深黄色。肉厚、汁多，纤维较长，肉质稀烂，味淡甜，食用品质一般。

5. 串杧

广西农学院培育成的高产品种，广东省和广西壮族自治区栽培较多。在海南6月下旬至7月可收获，在广东省和广西壮族自治区需8月才可收获。该品种较高产稳产，在广西壮族自治区南宁市常常于8—9月第二次开花，冬季有第二次收获。成串结果，成熟时果皮和果肉黄色，味淡甜，品质一般。

（三）红杧类

泛指果皮红色的杧果品种。多数原产于美国佛罗里达州或加勒比海诸国，又称"佛罗里达种群"或"西印度种群"，自印度杧的实生后代选育而来。部分印度杧如阿芳索杧（Alphonso）、派里杧（Piera）和班加罗拉杧（Bangalona）等品种也是红色或带红色的。欧洲和北美市场主要出售红杧，美国、加勒比海诸国和以欧美为出口市场的国家如墨西哥、澳大利亚、以色列和南非等国也生产红杧。我国台湾省也主要生产红杧—爱文杧。

红杧有近百个品种，各品种间品质差异很大，产量也各不相同，但全世界作商业性栽培的红杧品种不足20个。我国华南地区在20世纪50年代以来已引进红杧品种近20个，有些合乎商品果要求，有些则不行，在选用红杧品种时要特别注意。此外，红杧的红色是一种盖色，随环境变化而不同，有些地方颜色漂亮，有些地方红色不一定显示出来；同一地方不同年份颜色也有差异。一般是光照充足、干旱时红色较深，较鲜明；果实发育期多雨或荫蔽则盖色较浅，甚至不显示红色。在高温干旱的地区种红杧产量高，外观和品质也较好。华南地区红杧还处于试种阶段。下面介绍一些产量较高，商业性状较好的品种。

1. 爱文杧（Irwin）

有译作“欧文杧”，原产美国佛罗里达州，1954年引入我国台湾省，成为该省的主栽品种，当地称“苹果杧”；1984年，自澳大利亚引入南亚热带作物研究所，编为“红杧1号”。该品种在湛江和海南试种结果都较好，在海南年年结果。5—7月成熟，果实倒卵形，基部较宽，果腹突起，果顶较小。平均果重200~250g，成熟时果皮深黄色，盖色鲜红色。果肉黄色，肉质腻滑，纤维少，味甜芳香，品质好，产量较高。

2. 海顿杧（Haden）

又译作“黑登杧”，原产美国佛罗里达州，从印度的穆尔古巴（Mulgoba）杧的实生后代中选育而成。1963年和1972年分别从古巴引入华南热带作物科学研究院，第二次同时引入大岭农场。该品种适宜在高温干旱而阳光充足的地方栽培。在海南省东方市和三亚市结果早，非生产期短，产量较高，外观华美，色彩鲜艳，极富吸引力。在云南元江地区产量和外观也很好，但在多雨地区栽培则产量和颜色均不稳定，花期低温易出现无籽的小果。

嫁接苗植后3年结果，4~6龄单株可结果10~15kg，高者达20kg以上。能年年结果，果实近圆球形，平均果重约250g，有明显的“果鼻”。青果底色青绿或深绿色，盖色紫红色；熟果底色深黄或橙黄色，盖色鲜红色。表皮光滑，富光泽，布满白点，果粉厚，颜色艳美夺目。果肉橙黄色，汁多，肉结纤维较少。味甜芳香，但未充分成熟的果实近果蒂有松香味，成熟后松香味极淡薄，品质较好。该品种较耐干旱，但若在水肥充足的情况下果实更大。

3. 吉禄杧（Zill）

译作“吉尔杧”，广东名“红杧6号”。1984年引入华南热带作物科学研究院南亚热带作物研究所。该品种在湛江地区表现较高产稳产，嫁接苗植后第3年结果，4龄树平均株产可达29kg，年年结果；在海南省试种产量也较高。6—7月成熟，果实宽椭圆形，稍扁，平均果重约200g，有明显的果嘴。青果青绿或蟹青色，盖色紫红色，成熟后底色黄色，盖色鲜红色。果肉橙黄色，肉质较腻滑，纤维少，味甜芳香，品质好。但果实发育后期多雨会导致烂果或采前落果。

4. 凯特杧（Kiett）

又名“凯蒂杧”，原产美国佛罗里达州，以高产优质著称，是美国主栽品种之一，也是我国台湾省的主要栽培品种。1991 年自美国引入华南热带作物科学院，高接树 2 年即结果，单株产量达 10kg，丰产性好，在海南省儋州地区 7—8 月成熟。果实硕大，呈卵圆形，有明显的“果鼻”。果皮淡绿色向阳面及果肩呈淡红色，单果平均重量 680g，大者可达 2 000g 以上。未成熟的果实底色灰绿，盖色紫红，成熟后底色黄或橙黄，盖色暗红，并有淡紫色的果粉。果肉厚，果皮薄，果肉橙黄，肉质腻滑，纤维少，味甜芳香，含糖分 17%，迟熟种，成熟期 8—9 月中旬。种子特小，仅占果重的 7.5%~8%，种肋明显突出。该品种食用品质良好，耐贮运、货架寿命长。

此外，品质好，产量较高的尚有里本斯杧（Lippens）和肯特杧（Kent）；高产而外观美，耐贮运而货架寿命长的品种尚有汤米杧（Tommy Atkins）；从澳大利亚引入的京盛顿杧（Kingsenton）据说品质也较好。

5. 玉文杧

果实大，平均单重达 1 000~1 500g，果色呈紫红色，种核薄，可食率高，果肉细腻，口感佳，可溶固形物达 17%~19%，可丰产性能较好。

6. 红象牙杧

该品种是广西农学院自白象牙实生后代中选出。长势强，枝多叶茂。果实呈长椭圆形，弯曲似象牙，皮色浅绿，桂果期果皮向阳面鲜红色，外形美观。果大，单果重 500g 左右，可食部分占 78%，果肉细嫩坚实，纤维极少或无，味香甜，品质好，果实成熟期在 7 月中下旬。

7. 金穗杧

该品种 1993 年引进种植，具有早结、丰产稳产。果实卵圆形，果皮青绿色，后熟后转黄色。果皮薄，光滑、纤维极少，汁多味香甜，肉质细嫩，可食部分占 70%~75%。成熟期 7 月中下旬。品质中上，是鲜食，加工均佳品种。

8. 桂热 10 号杧

一年可收两造果，正造果成熟期在 7 月下旬至 8 月。树势强壮，果实长椭圆形，果嘴有明显指状物突出。单果重 350~800g，可食部分占 73%，果肉橙黄色，质地细嫩，纤维少，汁液丰富，鲜食品质优良。

9. 象牙 22 号杧

树势强壮，花序坐果率较高，果实象牙形，果皮翠绿色，向阳面有红晕，后熟后转浅黄色，单果重 150~300g，可食部分占 63%，果肉橙黄色，品质佳，成熟期 6 月下旬至 7 月中旬，耐贮运。

10. 泰国杧（青皮杧）

青皮杧（又称泰国杧），树势中等强壮。果实 6 月上中旬成熟，果形肾形，成熟果皮暗绿色至黄绿色，有明显腹沟。果肉淡黄色至奶黄色，肉质细腻，皮薄多汁，有蜜味清香，纤维极少。单果重 200~300g，可食部分占 72% 左右，品质极优，是理想的鲜食品种。

11. 桂热 82 号

桂热 82 号俗称"桂七杧"，树势中等，花期较迟，属晚熟品种，丰产稳产。果形为 S 形，长圆扁形，果嘴明显，果皮青绿色，成熟后为绿黄色，有光泽，果肉乳黄色，中心果肉深黄色。肉质细嫩，纤维极少，味香甜，含糖量 20%，耐贮运。成熟期在 7 月中旬至 8 月底。

（四）部分杧果品种品质分析（表 2-1）

表 2-1　部分杧果品种品质分析

品种	可溶性固形物（%）	含糖量（%）	有机酸（%）	维生素 C（%/100g）	可食率（%）
白花杧	21~22	17.6~20.2	0.17~0.29	16~23	70~75
吕宋杧	17~20	16.8~18.2	0.24~0.44	39~45	70~74
留香杧	16~19	17.0~18.8	0.18~0.26	18~22	70~74
椰香杧	17~19	16.4~17.2	0.08~0.19	16~29	65~72
白象牙	18~20	15.0~18.0	0.106~0.181	21~23	70~72
白玉杧	18~20.3	15.1~18.7	0.115~0.135	21.1~23.7	70~74
秋杧	16~22	15~21	0.12~0.42	70~106.7	63~73
粤西 1 号	11~16.6	11~15.8	0.24~0.28	37~50	72.2
爱文杧	12.5	11.05	0.55	24.9	70.0
大青皮	16~17	14.3~17.8	0.166~0.181	13~20.5	70~74
海顿杧	15~17	14~15	0.215~0.330	22~27	77
紫花杧	12~15	10.2~10.9	0.29~0.54	8.2~17.1	68~75
桂香杧	11~14.9	10.9	0.25	11.0	72
串 杧	14.5~15	12~14.5	0.678	17.78	88

资料来源：摘自相关文献

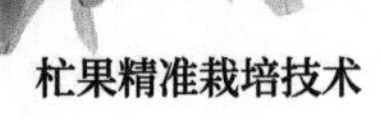

三、我国各产区的主栽品种

海南省：台农1号、金煌杧、贵妃（红金龙）、白象牙、白玉、红玉、吕宋杧、爱文、椰香杧、青皮杧、秋杧、紫花、粤西1号和桂香杧等。

广东省：紫花杧、粤西1号、桂香杧、吕宋、秋杧、无核杧、红象牙、Zill、irwri和Hadew等。

广西壮族自治区：紫花、桂香、811、串杧、秋杧、象牙22和桂热10号等。

云南省：青皮、白象牙、大白玉、吕宋、椰香、三年杧、缅甸杧和林生杧等。

四川省：红象牙、乳杧和攀西红杧等。

福建省：秋杧、桂香和紫花等。

台湾省：爱文、凯特、圣沙森、金煌、台农1（2）号、吉禄、肯特和海顿等。

四、杧果品种区域化

（一）海南省杧果生产类型区的划分

根据杧果对环境条件的要求，结合海南省不同地区发展杧果生产的效应，可以划分为3个类型区。

1. 杧果生产最适宜区

从昌江县石碌镇保梅岭以南至七差、叉河镇，经东方市的抱板、东方、天安、公爱至中沙一线以西；乐东县的尖峰、佛罗至福报、千家以西，经三亚市的梅山、保港、崖城至田独、藤桥及陵水的英洲至椰林一带，沿国防公路各乡镇的平原至低丘台地为杧果生产最适宜区。区内从每年的11月至次年4月或5月基本无雨，气温高，热量大，光照足，一般年份杧果花期无低温阴雨天气，属干旱或半干旱气候类型区。这里栽培不同类型的杧果品种都能获得较好的收成，外观好、甜度高、经济效益好。这一地区可规划为优质杧果商品生产基地。

2. 杧果生产适宜区

包括儋州市的海头、富克，白沙的七坊以西地区至昌江、东方、乐东、三亚、陵水其他地区及保亭县、通什市的毛阳和番阳镇等，为杧果生产适宜区；最适宜区内的山沟或林缘湿度较大的地方亦属此类型区。这一类型区与最适宜区气象要素较接近，但开花结果期有时湿度较大，属半干旱类型区至半湿润类型区。区内栽培的杧果一般较丰产稳产，外观较好，尤其6月中旬以前成熟的果实外观和品质不亚于最适宜区。但某些年份会因低温阴雨或浓雾的影响导致减产和品质下降，且杧果相对较迟熟；有时受多雨或湿度高的天气影响导致果实外观较差，特别栽培红杧品种，会因此而色彩较暗淡、外观比最适宜区的产品差。

3. 杧果生产次适宜区

包括万宁、琼海、文昌、定安、琼中、澄迈、监高、儋州市大部分地区和白沙内陆山区。本区冬春常有低温阴雨天气，雨水也较充沛，大部分为湿润气候类型区，小分部为半湿润区。区内杧果开花结果时期常因低温阴雨影响导致产量不稳定，严重时几乎绝收；果实也易受病害侵扰，外观较差，果实甜度有所下降。除万宁小部分近海地区外，多数地区果较迟熟，因此易受夏季暴风雨和台风影响，以致降低产量和经济效益。这一类型区不是发展杧果商品生产的理想地区，从成熟期和商品率甚至产量上都不如上述的地区。

（二）海南省杧果品种区划

农业的商品生产必须充分发挥本地区的资源优势（包括气候、土地和品种资源优势），因地制地发展有地区特色、竞争力强、品位高的商品才能取得理想的效益。海南省杧果有成熟早、品质优的优势，应优先发展优质早熟品种，达到“人无我有”“人有我优”“人优我早”，增强市场竞争力的目的。为此，在品种安排上应突出地区特色，创地区名牌。具体意见如下。

1. 在杧果生产最适宜区

优先发展早熟、优质、售价高的优良商业品种，把这一类型区发展成为海南省创名牌的优质杧果商品生产基地和出口基地；以发展台农1号、金煌杧、贵妃杧、红玉杧、白象牙杧和爱文杧等优质品种为主。

2. 在杧果生产适宜区

选有利地区种植台农 1 号、白象牙杧、白玉杧、金煌杧、贵妃杧、椰香杧等高产优质品种，同时适当发展黄玉杧、秋杧等高产而适应性强的品种，立足鲜果供应，亦能提供加工原料。

3. 在次适宜区

发展杧果生产风险较大，效益欠佳，原则不宜在这一地区发展鲜果商品生产。但如果种杧果，则应种植高产而适应性强的粤西 1 号、紫花杧和秋杧等品种等。

（三）海南省杧果品种区划建议（表 2-2）

表 2–2　海南省杧果品种区划建议

生产类型区	区域划分	主栽品种	次栽品种
最适宜区	昌江县石碌镇、保梅岭以南至七差、叉河；东方抱板、东方、天安、公爱、中沙一线以西；乐东县尖峰、至九所、千家；三亚市梅山、保港、崖城至田独、藤桥；陵水的英州至椰林一带；沿国防公路各乡镇的平原至低山台地	台农 1 号、金煌杧、贵妃杧、白象牙杧、红玉杧、爱文杧等	大白玉、黄玉杧、海顿杧、爱文杧、吉禄杧、青皮杧、凯特杧、肯特杧等
适宜区	儋州市海头、富克，白沙的荣邦溪至七访；昌江大坡至海尾及内陆山区；东方、乐东、三亚、陵水内陆山区；保亭县及通什市的毛阳和番阳镇	台农 1 号、金煌杧、贵妃杧、白象牙杧、白玉杧、椰香杧等	黄玉杧、紫花杧、秋杧、大白玉、青皮杧、凯特杧等
次适宜区	万宁、琼海、琼中、屯昌和定安 文昌、琼海、海口、澄迈和临高 儋州市大部分地区和白沙内陆山区	紫花杧、粤西 1 号、秋杧等	热品 1 号

第三章
杧果的生物学特征

一、植物学特征

杧果（*Mangifera indica* L.）为漆树科常绿大乔木，实生树的寿命可长达数百年至上千年。其树高因品种及繁殖方法不同而异，实生树树高及冠幅均可达到 15~20m 或更大；嫁接树较矮小，一般只有 8~10m 高或更矮小；金煌杧、象芽杧、白玉杧、吕宋杧等品种较高大；秋杧、贵妃杧、台农 1 号等较矮小，一般仅 4~6m。

1. 根

实生树主根粗大、深长，在肥沃疏松而地下水位低的沙壤土上，主根可深达 5~6m 或更深。但侧根较细长而稀疏，多数侧根于 60cm 土层分布较多、较密。根系的水平分布较广，常常超出树冠的 1/4~1/3。地上枝条生长壮旺的一侧水平根较发达。深翻压青或施有机肥能促进水平根的生长。杧果根与真菌共生，形成菌根，增强了杧果吸收养分的能力。

2. 茎

实生树主干明显、直立。树皮较厚，单胚类型树皮较粗糙，有许多纵向裂纹；多胚类型树皮比较光滑。枝条生势因品种不同而有很大差异，有些品种主枝较直立、树冠呈椭园形（如青皮杧和白象芽杧）；有些品种枝条较开展或下垂，树冠呈扁球形或伞形，株高小于冠幅（如秋杧）；大多数品种树冠呈圆头形，株高与冠幅大致相等（如椰香杧和吕宋杧）。

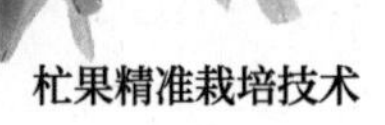

3. 叶片

单叶互生，革质，全缘，叶缘或多或少呈波浪状。长 12~45cm，宽 3~13cm，因品种、水肥条件和抽梢时的气候不同而异。在一次梢中，中部的叶片较大，基部和顶部的叶片较小。中下部的叶片互生，顶部的叶片呈假轮状排列。叶多呈椭圆披针形，但不同品种间叶的长短、宽窄和形态都有差异，大致可分为椭圆披针形、卵状椭圆披针形和宽椭圆披针形。

嫩叶的颜色有淡绿色、浅黄褐色、古铜色、浅紫色、紫红色、紫色和红色；老叶有黄绿色、青绿色、深绿色、墨绿色和蟹青色等，均因品种不同而不同。叶柄的长短、粗细，叶枕的大小、形态及与枝条夹角的大小，不同品种也有差异，这些都是区别品种的重要标志。

4. 花

圆锥花序顶生或腋生，长 15~45cm 不等，但多数在 20~30cm，通常有 2~3 次分枝。从花序轴上长出 1 分枝，一分枝分生二分枝，二分枝上长出三分枝。在最后一次分枝上着生的花朵呈聚伞状排列。花梗有浅绿色、黄绿色、粉红色、红色、红色和玫瑰红色等多种颜色。

每个花序有 500~3 000 朵花，多数是 1 000~2 000 朵。花小，直径 0.5~0.7cm，但初开的花由于水分和养分较足，花朵会更大些。花萼和花瓣 5 枚（个别 6 枚）。花萼绿色或浅绿色，约为花瓣长度的 1/2。花瓣浅黄色，中间有 3 条黄色或橙红色的彩腺。雄蕊 5 枚，多数只有一枚发育，除突出花瓣外，其余退化。花药玫瑰红色或紫红色。雌蕊 1 枚，斜升于蜜盘上，子房上位，无柄，一室，胚珠倒悬，花柱斜生于子房上，柱头二裂。杧果花有两种：

（1）雄花　子房退化，仅有雄蕊。

（2）两性花　既有发育的雄蕊，也有发育的子房和柱头，能受精稔实。

两种花共存于一个花序上，两性花比例的高低对产量影响极大，高产品种两性花比例在 15%~16%；低于 5% 的品种，其产量也低。同一品种，同一株树在不同年份（气候）两性花比例也有差异。花芽分化期的气温状况，植株的营养水平都直接影响两性花的比例。一般两性花比例高的品种（或年份）其产量较高；两性花比例低者，产量也较低。

5. 果

为浆质核果，由外果皮、中果皮、内果皮和种仁 4 部分组成。中果皮厚，肉质，多汁，是食用部分。有些品种纤维多而明显，有些纤维少而软，或食时无纤维感。种子 1 枚，内果皮木质化，较硬或韧，还有革质的膜，褐色的种皮紧贴白色的种仁。单胚品种的种仁由两片子叶和一个胚组成；多胚品种的种仁由多个胚及子叶组成，但其中只有 1 个合子胚，其余为珠心胚，后者不会变异。

果实形状多种多样，有苹果形的、圆球形的、斜卵形的、椭圆形的、纺锤形或梭状椭圆形的、梭状长椭圆形的、长卵形的、卵肾形的、长椭圆形的，还有象牙形或长圆形；大多数商业品种单果重在 100~1 000g，特别以 200~400g 者居多，但也有小至 20~50g 和大至 2 000~3 000g 或更大的；果皮有黄色、暗绿色、黄绿色、奶黄或浅黄色、金黄色、深黄色、橙黄色至红色；果皮上还有不同的花纹、白点和其他特征。这些特征是区别杧果品种的主要标志。

二、生物学特性

（一）枝梢生长习性

杧果枝梢呈蓬次式生长，各次梢之间界线分明。叶芽被苞片包裹着。当新梢生长时苞片绽开，新梢伸长，其后苞片脱落，留下鹅眉状的痕迹。其上叶片互生，叶柄较长，叶片间距离较大，靠近顶部距离缩小，顶端几片叶密集，呈假轮状排列，故一年所抽各次梢明显可辨。在海南省，幼苗和幼树一年可抽 4~7 次梢或更多。壮年结果树仅抽 2~4 次梢，分别于 1—4 月、7 月和 8—9 月（有时 10—12 月）各抽 1 次。成年或老年结果树在收果后往往仅抽一次梢。有时其他时间也有零星抽梢。每次梢从萌动至叶片稳定老熟需 15~35d。夏季气温高，枝梢生长速度快，完成一次梢所需的时间短，枝梢生长量大；冬季气温低，枝梢生长缓慢，完成一次梢所需的时间长，枝梢生长量小。水肥充足或挂果少也会缩短枝梢生长时间。每次梢的长度 12~40cm 不等，条件不良时梢长仅 3~5cm 或更短。品种和树龄不同抽梢长度也有差异。

（二）开花结果习性

1. 结果枝

杧果树多在末级枝梢的顶芽及其附近的腋芽抽生花序，开花结果。但如当年收果后不抽梢，则春梢、夏梢或已开花结果的枝条下位的侧芽也能抽花序和结果。在结果大年（丰年），成龄树粗大的骨干枝的潜伏芽也能萌发花序。一般认为 9 月以后抽生的枝条很少抽花序，但有些地方（或年份）10 月甚至 12 月抽生的枝条也能开花结果。秋杧等能多次开花结果的品种，在 1—2 月抽发的嫩枝上会同时形成花芽。

杧果的花序有纯花序与混合花序（带叶片）两种，后者是在抽枝时遇低温而形成花芽。两种花序同样能成果，但通常以纯花序占的比例大。

2. 花芽分化

通常开花前 1 个月花芽分化。在正常的情况下，海南省杧果花芽分化期自 11—12 月开始。早熟品种 11 月中下旬开始花芽分化，12 月上旬达到高峰；迟熟品种秋杧自 12 月开始花芽分化，1—2 月达到高峰。海南省自然生长的杧果有时 10 月中旬即开始分化花芽；而用多效唑（PP_{333}）处理则在任何时候都能分化花芽。

从花芽分化、花序形成、抽花序、花蕾发育至开花是一个连续过程，中间没有休眠期。自花芽分化开始至第一朵花开放历时 20~39d，但在第一朵花开放后花序仍在继续伸长。适当的低温干旱有利于花芽分化，但在花芽分化后，气温低会导致花蕾发育缓慢，并有利于雄花形成；气温高则能缩短花序发育时间，并有利于两性花的形成，提高两性花比例。光照充足，树体健壮也能增加花芽分化的数量；施用乙烯利、硝酸钾、海藻素和多效唑都能促进花芽分化或控制开花结果期。

杧果花芽分化的过程如下。

（1）分化前期　生长点变平、变圆（近半圆形）。

（2）花序分化期　生长点两端突起，此为花原基。

（3）花序第一分枝分化期　花序中轴鳞片腋间突起、伸长。

（4）第二分枝分化期　第一分枝腋间产生突起并伸长。

（5）花器分化期　先分化花萼、花瓣，继而形成雄蕊、雌蕊及蜜盘。

3. 开花

杧果自然开花在12月至次年3—4月，有时也会早至11月或迟到5月。个别品种也会有返秋开花。品种、纬度、气温变化及植株的营养状况都会直接影响开花期。一般早熟品种开花较早，迟熟品种开花较迟。同一品种在不同纬度开花期是不一样的。如秋杧在海南春节前后开花，但在广西壮族自治区南宁市3—4月才开花，并可延迟至5月。紫花杧、桂香杧等晚熟品种在海南省东方市1月中旬已达盛花期，与早熟的泰国白花杧和吕宋杧等花期相近，5月下旬至6月初便有收获。纵然在海南省，同一品种在南端的三亚市开花期比琼西北部的儋州市早；秋冬干旱会提早开花；前一年结果少或不结果的植株开花也比较早，而丰产树则开花较迟。一般东面和东南面的枝条先开花，西面和西北面的枝条开花较迟。一个花序自第一朵花开放至整个花序开花完毕需20d左右。花序中下部的花先开放，其后依次向上开花，花轴顶部的花最迟开放。每株树一次花的花期约需50d。

在一朵花中，从花瓣展开至柱头干枯约需1.5d。天气晴朗时，全天都有花开放，但以黎明时分开花较多；花药多在晴天9:00开裂，散发花粉。雌蕊在9:00~12:00成熟，散发香气。为虫媒花，通常靠家蝇传粉，蜂类也参与授粉活动。开花后子房稍有增大，并由淡黄色变为绿色。未受精或发育不良的子房在开花后3~5d凋谢、枯萎。一般能受精的两性花在35%以下，而成果率很少超过1%。

4. 果实发育

开花受精后果实开始膨大，初时生长缓慢，约经1个月后迅速增长，采果前10~15d又缓慢增长。这时主要是增厚、充实、增重。整个果实发育期呈“S”形曲线增长。

从开花稔实至果实青熟，早熟种需85~110d，中熟种需100~120d，迟熟种需120~150d。在这期间内高温干旱、光照充足则果实成熟快；低温或多雨则成熟迟。在果实发育期中有两个落果高峰；第一次在开花后两周左右，当果实发育至黄豆大小时大量落果，主要因受精不良造成；第二次在小果横径达2~3.5cm，开花后4~7周，这期间的落果小部分是发育不良的畸形果和败育果，但更多是因养分和水分不足所造成。一方面此时每个花序有数十个乃至上百个小果在迅速生长；另一方面其时正是春梢盛发期，当新梢发育至叶片迅速增大、变色、充实和转绿期要消耗大量水分和养分，果实和果实之间；果实发育与枝梢生长之间发生争夺养分与水分，导致部分幼果脱落。如果此时干旱或吹干热风会加重落果。两个半月后很少发生生理落果。到后期，只有风害、裂果和病虫害才会招致落果。

果实成熟期（收获期）在每年5—8月，低纬度地区较早熟、高纬度地区较迟熟，不同品种成熟期也不同。在海南，土杧、泰国白花杧等早熟品种5月上、中旬至6月上、中旬可以收获；迟熟品种7月收获。在纬度相近的同一地区，相同的品种在不同的气候类型区成熟时间也不同。如海南省南端的三亚市比西北部的昌江县和儋州市早熟10~20d；沿海地区比内陆或山区早熟；果实发育期高温干旱时成熟期也会提前；而气温低或多雨则成熟期推迟。通过催花处理，可使杧果提前到春节后上市。

三、对环境条件的要求

（一）温度

杧果为热带果树，在高温条件下生长结果良好。笔者观察，在高温的夏季（平均温度28.3℃）枝梢生长快，从抽芽至叶片稳定老熟仅需10~15d，且枝条和叶片生长量都较大；但在冬季（平均温度15~17℃）从抽梢至叶片稳定老熟历时35d，且新梢生长量比夏季少3~10倍。但气温过高对杧果也有害。当气温高于37℃并伴随干热风时，果实和幼苗易受灼伤。

杧果最适生长温度为25~30℃，低于20℃生长缓慢，低于10℃停止生长，低于3℃幼苗受害，至0℃会严重受害。当气温降至-2℃以下时，花序、叶片、结果母枝甚至直径2~3cm的木栓化枝条都会冻死；至-5℃时，幼龄结果树的主干也会冻死。杧果的耐寒力比腰果、香蕉、菠萝、番木瓜强，而与荔枝及龙眼相当。

一般学者认为，年平均温度21℃以上，最冷月均温度不低于15℃，终年无霜的地方比较适宜发展杧果生产。世界上主要杧果生产国的年平均温度多在25℃以上，最冷月均温度超过18℃，绝对最低温度大于0℃。

我国杧果产区年平均温度在 19.5~25℃，最冷月均温度 11.0~20.7℃，绝对最低温度 –2.4℃，但通常在 0℃以上，多无霜。实践证明，如果当年绝对最低温度降至 0℃以下，会出现严重寒害而减产。

（二）水分和湿度

杧果需水，但又忌湿度太大。枝梢生长，开花稔实和果实发育期土壤都需要充足的水分，尤其开花结果期土壤水分不足会影响花的质量、影响受精过程的顺利进行；果实发育期缺水时则果小、单果重下降，甚至导致大量落果。国内外经验都证明，果实发育期干旱的地区，灌水能大幅度提高产量；但在抽梢期如果连续降雨、大雾、空气湿度大会导致炭疽病盛发而落叶枯梢；花期遇连续阴雨或大雾会枯花落果而导致减产或失收；果实发育期多雨会诱发炭疽病和煤烟病，影响果实外观；多雨也会延迟熟期，降低品质，并易发生贮藏性病害。

在我国，冬春低温阴雨是发展杧果生产的一大障碍，国内外资料都认为，花期不少于 3 个月的干旱，一年中雨季不超过 7 个月是发展杧果的理想地区。印度、菲律宾、泰国、墨西哥、巴基斯坦等主要杧果生产国每年 11 月至次年 4 月都很干旱，虽有降雨也是阵雨即停，雨后又阳光灿烂，没有连续低温阴雨现象。我国一些地区，如海南省北部和湛江地区虽然冬春雨量少，但雨日多，阴雨时间长，空气湿度大，且阴雨伴随低温，妨碍昆虫活动，影响花粉散发和传粉受精，并诱发炭疽病和白粉病导致落花落果。近年来一些单位培育出粤西 1 号、紫花杧、桂香杧、串杧以及原有的秋杧都有多次开花结果的特性，能在一定程度上避过低温阴雨天气，扩大杧果种植范围；使用多效唑改变花期和促进开花结果等新技术，也使杧果生产能在不利地区得到发展。但一般而论，还是以冬春干旱的地区如海南省的西南部发展杧果生产效益更好。根据笔者对多地的观察和资料的总结，岛屿与半岛的西边一般都较干旱，而东部较多雨。

（三）光照

杧果为阳性树种，充足的光照下杧果树结果多，含糖量高，外观美，耐贮力强。特别是红杧，只有在充足的阳光下红色才显现，如果光照不足红色不显露、味淡、品质也下降。光照是杧果高产优质的条件之一。

（四）风

杧果树比较抗风，但叶大、树冠浓密、枝繁叶茂的品种也不耐强风侵袭。

6级以上的大风会导致大量落果和折枝；9级以上的大风会导致大量落叶和扭伤枝条，严重影响当年和次年的产量。常风大和台风多的地区种杧果必须营造防风林。

（五）海拔高度和土壤

从海平面至海拔1 200m地区都能栽培杧果，但商业性栽培多在600m以下的地区。云南省的元江和滇川边界的攀枝花市，海拔却超过1 000m。

杧果对土壤要求不严，但以土层深厚，地下水位低，排水良好，微酸性至中性的壤土和沙壤土为好。国外资料认为，土层厚2~2.5m、地下水位低于3m、pH值为5.5~7.5、土壤含氮不低于0.04%、P_2O_5不低于0.06%、K_2O不低于0.08%者都可种植杧果。土壤黏重、底盘硬、易板结，碱性太重，排水不良或地下水位高的地方均不宜种杧果。海南岛一般pH值在5.6~6.2，多数土壤都适宜发展杧果生产。

综合上述，发展杧果生产的理想地区是年平均21~27℃，最冷月均温度12℃以上，无霜；年降水量不低于1 300mm（或虽干旱而有灌溉条件）、花期有3个月的干旱、无低温阴雨天气，阳光充足，如表3-1所示；土层深厚、肥沃、微酸性或中性，排水良好，地下水位低和较静风的地区。

表3-1　杧果产区气象要素

国家与地区	年平均温度（℃）	最冷月均温度（℃）	绝对最低温度（℃）	年降水量（mm）	花期降水量（mm）	年日照时数（h）	备　注
印度德里市	27.5		0	699.3	20.8	—	没有连续阴雨阵雨即停
孟买市	26.8		13.3	1 825.8	6.9	—	没有连续阴雨阵雨即停
菲律宾马尼拉市	27.3	24.4	14.5	1 791.0	13.0	—	没有连续阴雨阵雨即停
泰国曼谷市	28.0	26.1	11.1	1 492.0	63.0	—	没有连续阴雨阵雨即停
印度尼西亚雅加达市	26.6	25.9	18.9	1 779.0	107.0	—	以阵雨为主雨后天晴

（续表）

国家与地区		年平均温度（℃）	最冷月均温度（℃）	绝对最低温度（℃）	年降水量（mm）	花期降水量（mm）	年日照时数（h）	备　注
中国	东方县（海南省）	24.5	18.3	1.4	998.9	30.5	—	冬春无连续低温阴雨
	三亚市（海南省）	25.4	20.7	5.1	1 270.9	27.7	2 586.1	冬春无连续低温阴雨
	百色（广西壮族自治区）	22.3	13.7	−2.1	1 061.1	59.3	1 869~1 912	冬春无连续低温阴雨
	元江（云南省）	23.9	16.6	3.8	781.4	44.9	2 223.0	冬春无连续低温阴雨
	怒江坝（云南省）	21.3	14.1	1.2	715.4	36.8	2 228.6	冬春无连续低温阴雨

资料来源：从国内有关台站了解及从国外有关文献中摘录

第四章
杧果苗木繁殖技术

一、实生苗的培育技术

1. 苗圃地的选择与整地

选择靠近水源，避风而冷空气不易沉积、土层深厚、有机质丰富、排水良好的壤土或沙壤土开辟苗圃。土质黏重，排水不良或地下水位高，土壤易板结或土层浅薄，石砾多的地方不宜作苗圃。

苗圃地应全垦，全面清理杂树、茅草、大杧、硬骨草、香附子等。应三犁三耙，务求土壤细碎。在缓坡地需按等高起畦，并开好排灌沟，以备灌水和排除积水。地下水位高或地势低者应起高畦。畦长 10m，宽 80~100cm，高 20cm，畦间 40~50cm。地形地势不同畦的长宽可灵活掌握。杧果苗生长快，主根深长，半年苗高可达 60~70cm，根深可达 70~80cm，故苗圃必须施足基肥，以保证苗木生长所需的养分。每亩施腐熟畜粪或堆肥 3 000~4 000kg，可撒施于畦床，也可沟施或穴施。

2. 准备种子

杧果种子不耐贮藏，应随取种随处理。目前种子来源有以下 3 个方面。

（1）与当地罐头厂联系　购买当天加工的种子。

（2）在附近市场收购种子　但常常发芽率较低。

（3）购果实取种　一般用 25cm×（15~20）cm 的密度，每亩可育苗 6 000~7 000 株，亦即每亩至少需作种子用的杧果为 6 000~7 000 个。如海南省和湛江市的土杧需 1.5t；广西壮族自治区的扁桃杧需 0.4~0.65t；云南省的小杧与福建省的红花杧需 0.7~0.9t。作种用的果实应选用与当地推广品种亲和力强的品种；选高产、健康的母树采果，在海南省以选用本地土杧为宜；选果形端正，发育正常，饱满的果实，取种。有病虫害的果，特别有杧果象为害的果实不宜作种用。

3. 种子处理

去除果肉的种子应立即洗净、剔除浮水的种子，置阳光下晒至种壳干爽即可，切勿在强光下暴晒，否则会影响发芽率。如需长途运输可将晒干的种子掺入椰糠、木炭粉或经发酵的木糠运输，时间短的可直接用塑料袋包装运输。

4. 剥壳催芽

杧果种子木质的硬壳妨碍种子发芽，直接播种发芽率低，种苗弯曲，畸形苗比例大。近年很多地方都用剥壳催芽，这样可提高出苗率，培育壮苗。因为经剥壳后：第一，种仁直接从沙床中吸收水分，比不剥壳的早发芽 5~8d，齐芽期早 5~7d；第二，由于没有种壳限制，主根和茎轴均直，苗木生长壮旺；第三，剥壳后可剔除变坏或不能发芽的种仁，避免无效劳动，也无形中提高了发芽率。相反，带壳的种子由于种壳的限制缺水时吸水难；水多时种壳又易积水致使胚芽窒息死亡；又由于种壳的限制，有些胚根和胚轴不能伸出种壳，或打个转后才伸出种壳，导致死亡或茎轴弯曲，苗木衰弱。实践表明：剥壳催芽发芽率高达 90% 以上，而不剥壳的发芽率仅 40%~60% 或更低。剥壳催芽的步骤分别如下。

（1）*准备沙床*　在树荫或 60% 的荫棚下，用干净的河沙修筑成高 20cm，宽 1m，长 10m 的沙床，沙床间间隔 40~50cm 以便淋水管理。在沿海沙土地带可直接在苗圃内筑沙床，但畦床必须耕耙松碎以利日后起苗。

（2）*剥壳*　在种蒂偏种腹一侧用枝剪夹住种壳一边，沿缝合线向下转扭，撕开种皮（不撕断），反过来撕另一边，如此反复 2~4 次便可取出种仁。1 位熟练工人每天可剥壳 1 200~1 500 个或更多。

（3）*催芽*　选健康、新鲜、完整的种仁，一个接一个（种脐向下）排列在沙床上，每行种子间相隔 3~5cm。播后用细沙盖过种仁 1~2cm，用花洒桶充分淋水。以后每天淋水保湿，以保持沙床湿润为度。经 12d 左右发芽出土，18~20d 齐苗。在茎轴伸长 10~15cm，叶片尚未增大时移至苗圃或塑料袋内育苗。

5. 移床

用竹签小心将幼苗连种仁全根挖出，移植于苗床，行距 22~25cm，株距 15~20cm，移苗后回入碎土，压紧。起苗时不能伤根，如主根过长可用利剪适当截短，但根长不应短于 10cm。一种多苗者可选健壮的连所附带的子叶小心分出种植，苗弱则不分株。分出的苗必须保持子叶和根系完整，如果子叶脱落则难于成活或成活后生长不良。移植时让根系舒展，种植深度与根颈平，并回入细土取土壤与根系充分接触，移植后要淋透定根水。

6. 管理

（1）及时淋水，保证苗木生长所需的水分　杧果育苗期正是高温季节，有时还伴随干旱，水分不足苗木会枯死，必须根据土壤湿度及时淋水，以保持苗床湿润。

（2）适时追肥，保证苗木生长所需的养分　当小苗再抽新梢时开始施肥，以后每抽 1~2 次梢追肥 1 次。天旱时以水肥为主，可施 1∶4~1∶5 的粪水或 0.5kg 1% 的尿素液，每畦 1~2 担（约 50~100kg）。雨季可施干肥，结合除草后在行间撒施氮化肥，每亩 5~8kg。

（3）预防幼苗受灼伤　在烈日照射下，干草、石砾或土块等能产生 50~60℃的高温，3 个月内的幼苗组织幼嫩，茎杆接触上述高温物会被灼伤而枯死，在海南省这种现象很普遍。为此须采取以下措施。

① 在幼苗易灼伤的地区，3 个月内的幼苗应盖 50% 荫蔽度的临时荫棚，保护苗木。

② 苗床不宜盖草，以免干草灼伤苗木。

③ 除草或松土时不能让土团接触幼苗，除草、松土后立即淋水，冲散接触苗木的土块。

（4）间苗与补缺株　1 个穴有多株苗长出时只保留 1 株壮苗，其余除去，在 1~2 个月内如有缺株应及时补上。补缺株的苗木可另行准备，也可从多长出的苗中选壮苗补缺，但补缺的苗同样需带子叶，否则不易成活，即使成活也生长慢，苗衰弱。

（5）及时防治病虫害　苗期主要病害有炭疽病、叶斑病和叶枯病；主要害虫有横纹尾夜蛾、蚊瘿、切叶象甲、潜皮细蛾、介壳虫和蚜虫等。在每次新梢抽生或一经发现害虫时都应喷药防治（详见病虫害防治）。

二、嫁接技术

杧果嫁接可供大量繁殖优良种苗，及用于已定植果园更新优良品种。嫁接因属于无性繁殖，不易变异，能保持母本的优良性状，在育种上只要育成一个新的优良品种，即可用嫁接法大量繁殖，如现有的美国品种、贵妃、金煌、台农一号等。嫁接的方法有很多种，但在杧果嫁接上一般均采用切接法较为简易及快速，而对于嫁接不易成活的品种如台农一号，亦偶而采用靠接法，但较麻烦。杧果的嫁接，由于植株本身嫁接亲和性的不同及单宁含量的多寡，使不同的品种在相同的砧木上而有不同的接活率。

嫁接是用良种的接穗接合在适应性强的砧木上，通过两者形成层薄壁细胞的作用修合伤口，并形成新的个体。其优点是能保持接穗母本的优良性状，矮化植株，提早结果。又因有砧木的强健根系，嫁接苗比圈枝苗和插条苗耐旱、抗风，寿命较长。生产上都用嫁接繁殖杧果苗。嫁接成活取决于以下条件。

（1）接穗和砧木之间的亲和力　两者亲和力强的成活率高，否则成活率低。

（2）砧、穗的生势和物候期　水分、养分和光照充足，生长茁壮则嫁接成活率高；如是芽接，则在新梢萌动或生长初期，砧木和接穗易剥皮则芽接成活率高。

（3）环境条件的影响　低温、或高温干旱或嫁接期雨水过多，或砧木光照不足都不利于成活。

（4）操作技术　要求动作快，保持形成层完整、干净，对接准确，缚扎紧密，否则不利于成活。

1. 嫁接时间

在不同的嫁接时期中，以3月的接活率最高，9月次之，6月及12月最差。3月正是春天来临，温度回升气候温和，也是其萌芽生长的开始，植株在嫁接后愈合力强，因此嫁接成活率高，大部分苗圃及果农都选在此时嫁接。

6月高温多湿，降雨频繁，病虫害多，在嫁接时因湿气重，套上塑料袋后，砧木与接穗界面易发霉，而导致嫁接愈合组织无法产生或产生后无法愈合，因此雨季并不适合嫁接，如果嫁接后，未遇下雨，则接活率和3月者相似。九月为秋高气爽的季节，南部地区为雨季末期，此时为良好的嫁接适合期，杧果植株的秋梢也正在此时抽出，但其接活率仍稍逊于3月。12月为冬季的开始，平均气温将降至18℃以下，大部分植株生长迟缓，不是嫁接季节。综上所述，理想的嫁接时期约在2月下旬起至5月雨季来临前，而以3月为最佳嫁接时期，错过此时，就须等到雨季结束，到9—10月再嫁接，而于第一波寒流来临前即应停止作业。

2. 砧木的选择

优良的砧木应具备以下特点。

① 抗病虫害强。

② 种子来源容易，繁殖生长快速。

③ 嫁接亲合力强。

④ 能适应当地的气候环境。

⑤ 嫁接后果实质量不会劣变及产量不会减低等条件。

目前，以本地种品种为最佳，现在种苗圃所用的砧木约有90%都是本地种。

嫁接用的砧木以1~2年生茎粗1cm的苗木为最佳，因发育快速，嫁接成活率高。如果在7月播种，生长良好的幼苗到次年3月时，其生育期约250d即可用作砧木。

3. 嫁接方法

目前，杧果生产上主要使用补片芽接、切接和枝腹接3种方法，各有各的优点。

（1）补片芽接　其优点是操作较简单，易学，利用接穗较经济，每米接穗可接20~25株苗，熟练的芽接工每人每天可接400~500株苗。但砧木和接穗必须易剥皮才能芽接。其操作方法和步骤如下。

① 接穗准备。接穗采自接穗圃或生势健壮的母树，选健壮、充实、叶芽多而芽眼饱满的1~2年生枝作接穗。正在开花结果或刚收果的枝条、受流胶病为害的枝条、受横纹尾夜蛾为害导致肿枝或受潜皮细蛾为害而树皮结痂的枝

条均不能作接穗。采接穗最好在上午，久旱之后应在采接穗前2~3d先灌水，以利剥皮。

采下的接穗剪去叶片，但不能伤芽，也不要用手剥叶以防伤芽。也有人主张作接穗用的枝条先在树上剪去叶片，数日后叶柄自行脱落即可剪作接穗。不同品种的接穗需分品种包装，并作标记，以防混乱。如需贮藏或运输可用湿椰糠或经发酵的木屑保存，湿度以手捏成团，但不出水，落地松散者为好。切勿太湿，以防接穗变质霉烂。也可用香蕉假茎或塑料薄膜保存接穗。

② 开芽接位。在砧木第一蓬叶的上方选表皮光滑，无叶节的枝段开芽接位。用刀尖刻一宽约1cm，长2.5~3cm的长方形，深达木质部。在右上角挑开树皮，拉下1/3，如易剥皮即可削芽片。实践证明，在第一蓬叶上方芽接抽梢后回枯少，成活率高，操作也较方便。

③ 削芽片。宜选用芽眼饱满的叶芽或密节芽；鳞片芽或不饱满的低位芽成活后抽芽慢甚至不抽芽，一般不宜选用。削取长3~4cm，宽1.2~1.5cm的芽片，按砧木接口宽度修平芽片的两边，小心将皮层和木质分离（但不能损伤形成层），最后把芽片削成比接口稍小的长方形（芽点在中间）。

④ 接合与捆缚。将砧木接口的树皮全部剥下，贴入芽片，用弹性好的塑料薄膜带自下而上叠合缠紧、缚牢，不能露出芽片。

（2）切接　其优点是能利用较幼嫩的接穗，不受物候期和剥皮难易的影响，只要温度条件允许，任何时候都可以嫁接，成活后抽芽，成苗快。其步骤如下。

① 选接穗与芽接法大致相同，但稳定、饱满的顶蓬梢也可应用。

② 削接穗。选发育饱满的叶芽截成2.5~3cm长，在芽的对应面削一仅及木质的平面，可以通头，也可以削成2~2.5cm长的一个切面。

③ 开接位和接合。砧木茎粗达0.6~0.8cm可嫁接。在第一蓬梢的上方选无叶节的光滑茎段削一与接穗切口相当的平面，截去切面以上部分，并切去切口大部分皮层，仅留下面小部分插入接穗，对准皮层，用超薄膜带缚牢，接活后接穗可自行冲破薄膜、长出新梢。

（3）枝腹接　优点与切接法相同，但枝腹接不用截砧，待嫁接成活后再截砧，不成活可马上补接。其操作方法与切接大致相同，但接穗接口削成通头。

三、袋装苗的培育

袋装苗定植成活率高，植后恢复生长快，苗木生长较一致，近年生产上多用袋装苗定植。其培育方法如下。

（1）在塑料袋上培育砧木　直接嫁接成苗。

（2）地栽苗嫁接成活后装袋培育　塑料袋的规格为长 30cm、宽 20cm，装入肥沃的表土或干牛粪（堆肥）与土 3∶7 混合制成的营养土。芽接苗成活后剪砧，待接穗萌动时即移入塑料袋，置树荫或荫棚下培育。

四、嫁接苗管理

嫁接苗截砧或移袋后，要及时淋水，促进接穗抽芽，每 3~5d 抹除 1 次砧木的萌芽，保证接穗芽生长。每当接穗抽梢时均应喷药防病防虫，并竖棍子固定接穗芽梢，以防被风吹倒。如果用枝接，当接穗长出二蓬梢后，应及时解缚或松缚，以防因缚带影响接穗生长而产生“环缢”现象。

五、出圃

目前，在我国种植杧果苗出圃有 3 种形式。

1. 裸根芽接桩出圃

嫁接成活解缚后 5~7d 芽片仍青绿即可截砧、出圃。如果在附近栽培，最好待接穗芽萌动、膨大后起苗，这样的芽接桩植后发芽快，成活率和保留率可高达 90% 以上。

芽接桩出圃标准是茎粗 1cm 以上，芽片青绿，愈合口丰满，根系完整，主根长 25cm 以上，根、茎及芽片无损、裂。选合标准的芽接桩修平根系，浆根。每 30~50 株捆成一把，用湿稻草包好根部。最好用塑料薄膜或湿草包整把包起来，保护树干，这样运输一周以内也无妨。

2. 袋装苗出圃

袋装苗出圃标准是接穗抽出两蓬梢，梢长超过 15cm，新梢叶片稳定。如果用芽接桩培育的袋装苗，达到标准的可直接出圃。如果用袋装砧木嫁接成苗的，应在芽接成活后即把苗木移入荫棚下培育，或者已达出圃标准的苗木先移入荫棚下培育 10~20d，待苗木恢复生势后再出圃。因袋装砧达嫁接标准的主根多已伸入土中，移袋必断主根，直接移入大田易失水枯死。

3. 地栽苗带土起苗出圃

用特制的起苗器带土起苗，用塑料薄膜包装，起苗后置树荫或荫棚下培育一段时间，待苗木恢复生势后再出圃。出圃标准见袋装苗。

六、接穗快速繁殖技术

在短期内繁殖更多接穗的技术措施。

1. 建立接穗圃

加强管理，行距 1.5m，株距 1m，每亩 444 株，植后加强水肥管理，使幼苗迅速增长，约经 1 年可采接穗，采穗后应立即施肥松土，旱季灌水，苗木即能及早抽梢，每次梢萌发即施速效喷肥和喷药，以保证接穗质量。

2. 利用低产或质劣的杧果树嫁接良种也是快速繁殖良种接穗一项有效的方法

每个芽 1 年中可产接穗 3~5m。管理方法同上。

七、高接换种技术

杧果接换种技术，即是在杧果树的主干、主枝或侧枝上进行嫁接。高接换种是杧果低产园改造、品种更新换代的主要措施。该技术提供了一种快速更新杧果品种并让其尽早挂果的方法，特点在于直接在大树上选取若干枝条进行枝接，促使其当年抽发新稍并成熟成为结果枝，第 2 年或第 3 年就可以获得一定经济产量，比重新种植缩短非生产期两年左右，并显著降低生产成本。

1. 嫁接前处理

（1）适时截干　于杧果采收后截干较为适宜，截干后高度控制应根据当地气候特点决定。可选择呈三角形的 3 条中心主干，在离主干 30~40 cm 的位置锯断，促其长出新梢。值得注意的是，锯断主干后须使截口光滑，再用油漆、沥青或薄膜密封截口，防止病虫害和因失水过多造成树干干枯，同时，进行树干涂白和用稻草覆盖树干，既可避免树干受日灼裂皮，又可防止霜冻危害，以利于砧桩树势恢复。当主干长出新梢老熟后可进行嫁接。这种嫁接法嫁接成活率高，愈合好，树体不易因挂果过多而断裂。

亦可不进行截干，在果实采收前 1 个月左右进行嫁接，嫁接方法可采用枝腹接法，嫁接部位选择在拟截干的部位。1 次嫁接不成活者，可及时进行 2 次补接。待收果后，再行截干，促进接穗萌发。

（2）施足基肥　截干前后中耕 1 次，并于截干两侧 50cm 左右挖深 30~40cm、宽 40cm 的环状沟施入肥料，每株施 20~30kg 农家肥 +0.5kg 尿素+0.5kg 硫酸钾，以促进截干萌芽。

（3）合理间作　截干后果园空隙较大，冬春干旱季节土壤水分丧失较快，应间作豌豆、胡豆等矮秆农作物，可有效地抑制杂草，提高土壤保水、保温、保肥能力，但应注意间作作物不宜过高，一般以低于截桩 100cm 为宜，春季要预防白粉病和蚜虫为害。

（4）砧桩管理　截干后砧桩萌芽快而多，应及时进行抹芽留芽。每个截干预留 4~5 个长势良好、芽点饱满、利于树冠成型的芽，抹去多余的弱芽、密集芽，为嫁接做好准备。一个截干上一般以嫁接成活 2~4 个接穗为准，其余预留芽为预防嫁接未成活时补接用。杧果具有树干抽生花序的特点，在开春后应注意及时剪除。

亦可截干后及时嫁接，嫁接方法可采用切接法或劈接法。

（5）接穗的选取　接穗必须采自品种纯正，无严重病虫害的母树。有条件的苗圃均应建有采穗圃，专供采接穗用。采接穗时，应在树冠外围选择向阳、无病虫害、粗壮、已经老熟的末次梢枝条，直径以 0.6~1cm 为宜。正在开花、结果或刚收果的枝条及荫蔽的弱枝，不宜作接穗用。接穗采后即剪去叶片，并包扎好，做好标记，及时嫁接，一般不超过 2d，如果要过 3d 后才嫁接，就必须贮存好。最简单和效果好的贮存方法是将接穗捆好，用新鲜的苔藓包一层，外加塑料薄膜裹住，两头揭开，以便通气。据试验，这一方法贮存接穗可达20d以上，嫁接成活率未受影响。

2. 嫁接方法

（1）补片芽接　一般以3—10月为芽接适期，雨天及干热风天不宜芽接，温度超过20℃为宜。

① 砧木选择与芽接口。砧木应选0.8 cm以上，离基部30 cm处开芽接口，芽接口开宽0.8~1.0 cm，长3~3.5 cm。

② 选芽。选接穗中上部饱满芽1个，以芽为中心，四周刻一长2.5~3.0cm、宽0.5~0.7 cm的四方块，深至木质部，然后取出芽片。

③ 绑扎。把剥好的芽放在接口中央，下端插入腹囊皮中，上端和两侧与砧木切口有少许空隙，压紧芽片用0.8~1.0cm宽的超薄膜，将芽片捆绑。

（2）切接法　采用单芽切接法和多芽切接法进行杧果高接，都很容易成功。选择砧木直径0.5 cm以上，在离基部10 cm处将砧木斜切断，在高的一侧向下剥一长约2cm的平直切口，深度以剥去部分木质部为宜，然后将皮层切去1/2或2/3。将与砧木粗度相近的接穗（含1~3个芽）基部剥成斜口，并在尖端一侧从上往下平滑削一切口，长度与砧木相同，切去2/3皮层。将接穗插入砧木切口，使皮层相吻合，用超薄从下向上绑紧，并将接穗密封包扎好。接后20~30d，接口愈合，解绑。

3. 接后管理

（1）检查嫁接苗，补接　嫁接20d后，要及时检查接穗是否成活，如果不成活，要及时补接。

（2）抹芽、解绑　每周检查砧木嫁接口附近是否有多余的萌芽，要及时去除，以免影响接芽的生长，每隔5~7d抹芽1次，直至接穗生长良好。

嫁接成活后，不应过早解绑。一般在第一次新稍转绿时解绑较为安全。

（3）田间管理　嫁接后，果园要保持干湿有度，不能太干旱，要及时灌溉。也不能渍水，渍水导致缺氧，影响新陈代谢。

（4）肥水管理　营养生长是杧果生长发育的物质基础，杧果对于N：P：K：Ca：Mg吸收的比例分别是1：0.4：2：0.14：0.13。

（5）病虫害防治　嫁接成活后，萌发的新梢易受切叶象甲、杧果叶瘿蚊、白粉病、炭疽病等病虫的为害，应及时进行防治。可采用15%的粉锈宁600~800倍液、50%的多菌灵600~800倍液、75%的百菌清600~800倍液等杀菌剂防治病害；用10%吡虫啉2 000~3 000倍液、3%啶虫脒1 000~2 000倍液、48%毒死蜱1 000~1 500倍液、0.5%溴氰菊酯2 000倍液等杀虫剂防治虫害。

（6）整形修剪　嫁接后的1~2个月，重点是培养具有通透性良好的圆头形树冠，每个新梢上保留3~4个芽，待芽长至30cm以上时进行短截，促进侧芽萌生，迅速形成树冠。同时疏除多余的预留枝、内膛枝、过密枝，控制树冠形状和高度。修剪过程中要注意初发幼枝的开张角度，使枝条间相互错开，防止风害。易受风害影响的地区，应用竹竿将砧木和接芽进行固定，以防被风折断。

当树冠初步形成，枝梢发育较好时，修剪要注意层次分明，原则上宜细不宜粗，以疏除大小枝为主。如主枝过多或过高，应疏除位置不当的主枝和回缩中心主枝，降低树冠高度，以促使侧枝生长，使其逐渐形成圆头形树冠。培养成形的树冠高度应控制在4m左右，冠幅3.5m×4m。

第五章
杧果园建立及幼树管理

一、园地规划与开垦

1. 园地选择

为达丰产优质高效益的目的，杧果园最好具备如下条件。

（1）气候条件　有利于杧果优质丰产。

（2）土壤条件　土层较深厚，土质不易板结，不积水。

（3）水利资源　靠近水源，以利春旱时能灌水保丰收。

2. 果园规划

包括果园分区、防护林、排灌系统、道路、住宅区及果园其他设施的规划与设计。

根据地形和小气候情况划分小区，在划分果园小区的同时规划防护林带。每个小区以防护林为界，每片林格成一小区，根据风害情况不同，每片林格的面积可为1.34~2.67hm^2（20~40亩），以1.5∶1至2∶1的长方形设计为好。在坡地，长边沿等高线走向，在平缓地段，当风面宜短些。林带种小叶桉等抗风树种，每条林带植树6~8行，迎风面可多种些，也可保留天然林带作防护林。防护林内开排灌沟，几个小区合成一大区，并开设总排水沟与小区相连。每小区在林带外修筑可通手扶拖拉机的小路。大区设干道，与小路及公路相通。果园内每0.67~1.34hm^2（10~20亩）规划一个水肥池，还应规划肥料库，工具房及鲜果包装场等。

3. 开垦

园地要全垦，三犁三耙或两犁两耙，树头和杂草（特别茅草、大杧、硬骨草和香附子等）要清除干净。在坡地按等高开环山行或梯田，坡度小的可挖撩壕。

（1）种植密度　因气候、土壤肥力及品种不同而异。土壤肥沃，管理水平高，气候环境有利于杧果生长或用植株高大的品种，种植距离应大些，相反可小些。一般嫁接树可用 6m × 4m 至 6m × 8m 的株行距；台农 1 号、贵妃杧等树矮小而结果早的品种其树冠扩展慢，可用 4m × 3m 至 6m × 4m 的株行矩；修剪水平高的可更密一些。近年各地推行密植栽培，取得不少成功的经验，但必须有严格的修剪制度相配合才能有良好的收效。杧果嫁接树植后 3 年多数可以结果，而结果后的 3~4 年内树冠在 3~4m，适当密植可以增加果园前期收益。密植园需进行严格的修剪，促进杧果树早结果，早丰产，并通过采果后的回缩修剪控制树冠扩展。但有些地方搞密植，由于修剪工作跟不上，未结果果园已封行，达不到密植的目的。据此，在科学管理的前提下，可以用计划密植来提高果园前期生产效益。如开始用 4m × 3m 的植距，收获若干年后，如果植株树冠扩大，影响结果，则保留永久植株，短缩或疏伐加密植株，逐步变成 4m × 6m 的植距。

（2）准备植穴　定植前 2~3 个月先挖穴施基肥。按面宽 80cm，深 70cm，底宽 60cm 挖穴，每穴施腐熟厩肥或土杂肥 20~40kg，或压青 60~80kg，过磷酸钙 1kg，肥料与表土混合，施入穴中，表层回入表土，最后堆土高出土面 15~20cm 以备土壤下沉。如施用绿肥，必须在定植前 3 个月压青，施后无雨需定期淋水，使绿肥腐烂。

二、定植

掌握夏秋的雨季定植，海南省气温回升快，雨季来得早时袋装苗在 4—5 月即可定植。一般情况下以 6—8 月定植为好。10 月以后由于气温下降或进入旱季，一般不宜定植。

宜在雨前或阴天定植，在已回土的植穴上挖一个能容纳苗木根部（或土团）的小穴，放入苗木，回土压紧。种袋装苗时必须除去塑料袋，填土压土时只能从土团外向内加压力，不能踩压土团。定植裸根芽接桩时务求根系舒展，分层回土，层层压紧。种植深度以根颈平土面为宜。植穴土壤未充分下沉的，苗应种高些。植后修一树盘以利贮水。植后淋透定根水并加盖草。

三、幼年树的栽培管理

幼年树的栽培管理，是指杧果苗从定植到开花结果这一段时间的管理。时间一般为 3 年。幼年树阶段，主要是营养生长的阶段，这一段时间管理水平的高低，直接影响到进入开花结果的时期。管理水平高的，从定植到开花结果只需 2 年时间。管理水平低，定植 3~4 年都不结果。杧果幼年树的栽培管理特点可以概括为以下 3 点。

（1）高标准规范化的种植　包括选用品质好、无病虫、健壮的种苗和适宜的种植时期、密度和种植技术。

（2）合理的整形修剪　杧果幼年树的整形修剪，主要是从小培养良好的树形，采用摘顶等方法削弱顶端优势，促进分枝，使幼树迅速成形，提早达到理想的开花结果树形。

（3）科学的水肥和土壤管理　杧果幼树除冬末春初的低温阶段，几乎全年均可生长。因此，土壤和水肥管理直接影响幼年树的营养生长。

1. 养分管理

杧果幼龄树施肥，主要是促进营养生长。杧果幼树除冬末春初的低温阶段，几乎全年都可抽发新梢，年抽梢量可达 6~7 次，生长量大，对营养元素的需求量也大。

（1）施肥时期　幼树施肥时期，可根据抽梢次数来分 4~6 次。一般定植前基肥充足，种植后的第一年内不用施肥。如果基肥不足，第一次施肥至少应在新植树第一次新梢叶转绿老熟后。幼树施肥，有根据“少量多次，勤施薄施”的原则进行的，每隔 1~2 个月施 1 次，每年施肥 5~6 次；也有根据抽梢期来确定施肥时期的，在萌芽前施促梢肥，促进芽萌动和新梢的抽发；在枝梢停止加长生长、叶色开始转绿时施壮梢肥，促进叶色转绿和枝条增粗。

（2）*施肥量* 杧果新植幼龄树侧根很少，须根不发达，数量少，纤弱，分布浅，对土壤的高温干旱和施肥浓度的高低都非常敏感，因此施肥量不能过大。1~3 年生树每年每株施有机肥 30~70kg（低数为第一年，高数为第 3 年，下同），过磷酸钙与钙镁磷肥 0.5~1.5kg（必须与有机肥混施），尿素 0.18~0.5kg，钾肥 0.15~0.45kg，也可用氮：磷：钾 =15：15：15 的复合肥 0.5~1.5kg。也可在幼树定植成活后抽发新梢开始，用稀薄腐熟粪水或 0.5% 尿素加钾肥或复合肥根外追肥。用尿素配合磷酸二氢钾 0.3%~0.5%。在 10：00 前或 16：00 后喷施，以促进枝条营养和叶片的光合作用。注意浓度过高或阳光过猛，易造成幼叶灼伤，严重时落叶。

（3）*施肥方法* 杧果幼树根系浅，分布范围也不大，以浅施为宜。以后随树龄的增大，根系的扩展，施肥的范围和深度也要逐年加深扩大，满足果树对肥料日益增长的需要。施肥方法主要有土壤施肥和根外追肥两种。定植后 1 年的幼树施肥，施前先将树盘土壤小心扒开，将肥水均匀施于离树头 20cm 以外的树盘内，然后淋水，待肥水完全渗入土壤后覆土。对定植后 2~3 年的幼树可采用环状施肥和根外追肥的方法。环状施肥是在树冠外围稍远处挖环状沟施肥。根外追肥即叶面喷施，简单易行，用肥量少，发挥作用快，且不受养分分配中心的影响，可及时满足树体的急需，并可避免某些元素在土壤中被化学固定或生物固定。根外追肥时一定要注意施肥浓度和时间，否则会造成幼叶的灼伤。

2. 水分管理

果园的排水灌水，不仅影响当年的生长结果状况，而且也影响来年的果树生长结果状况，随着时间的推移，还影响果树的寿命。因此，水是果树生长健壮、高产稳产、连年丰产和长寿的重要因素。要充分发挥水对杧果树的影响，必须适时进行灌水与排水，以满足果树生产发育的要求。杧果幼树周年对水分的需求量都很大，新植的幼树，根系浅，主根不发达，对水分的需求只能靠灌水，灌水的方法是先锄松树盘的表土，等灌足水后再覆盖上一层松土。土壤排水不良对果树的危害，首先是果树根的呼吸作用受到抑制，其次是妨碍土中微生物，特别是好气细菌的活动，从而降低土壤肥力。虽然杧果树能耐轻度积水，但生长期过多的水分会造成植株生长受抑制。我国南方杧果植区雨量大多集中在夏季，平地和水田有可能出现排水不畅，即使是山地，由于土质黏重，也有可能在植穴积水。一般的平地果园排水系统，主要有明沟排水和暗沟排水两种（具体可参照水分精准管理部分）。

3. 整形修剪

具体见树体管理部分的内容。

4. 间作覆盖

（1）*间作*　幼树果园空地较多可间作。间作作物要利于杧果树的生长发育。间作时，应加强树盘的肥水管理尤其是作物与果树竞争养分剧烈的时期，要及时施肥灌水。间种作物要与果树保持一定的距离，避免作物根系与杧果树根系交叉，加剧争肥争水的矛盾。间作植株要矮小，生育期较短，适应性强，与果树需水临界期最好能错开。杧果园间种作物一般为西瓜、花生、菠萝、豆类或绿肥。在种植密度较高的果园，一般只能在定植的当年间种作物，而且最好是种绿肥养地，不宜间作其他作物，否则影响杧果生长和推迟投产。杧果定植后第 1 年间种木瓜可适当遮阴，提高定植成活率，第 2 年杧果生长迅速，对光照要求较高，不宜再间种西瓜。

（2）*覆盖*　利用间作物覆盖地面，可抑制杂草生长，减少蒸发和水土流失，还有防风固沙的作用，而且缩小地面温度变化幅度，改善生态条件，有利于果树的生长发育。密植的杧果园空气湿度较大，不利于病虫害的防治. 因此杧果园内覆盖仅宜在结果前的幼树阶段。覆盖作物可以是豆类和绿肥作物。

第六章
成年杧果树管理

一、土壤管理

（一）中耕除草、松土

为使苗木发根快，生长壮旺并减轻病虫为害，需勤除杂草。每年除草 4~6 次，保持根圈无杂草，每次施肥前应先除草。园内的茅草、大杧、硬骨草、香附子及水竹草等恶草，如开垦时未清除干净，则在杧果幼龄期必须彻底加以根除，以防泛滥成灾。

为保持土壤疏松，保水保肥，为根系生长创造透气的环境，每年深秋至冬前应进行根圈浅松土。

（二）覆盖

提倡周年盖草。盖草能保水，均衡土温（夏凉冬暖），减少杂草滋生，增加土壤有机质，防止土壤板结，保持土壤团粒结构和通气性，有利于根群活动，好处很多。海南省一些国有农场或果场在杧果根圈或种植带盖草都收到良好的效果。有条件的地区应进行周年盖草。

（三）深翻改土

为使杧果根群生长旺盛和深扎根，每年应在植穴（或树冠）外围深翻、扩穴、压青。7—9 月青肥旺盛生长，是深翻压青的好时机。深翻压青要有计划进行，第 1 年在穴的东西两边深翻，第 2 年在南北，第 3 年和第 4 年周而复始。一年扩两边穴，若干年后全园都作过一次深翻改土了。每次在植穴或树冠叶幕下挖长 80~150cm，深与宽各 40~50cm 的施肥沟，每条沟压入绿肥或青草 50kg，厩肥或土杂肥 10~20kg，过磷酸钙 0.5~1kg，再回入表土。施肥沟开始短些，随着树冠扩大而加长。实践表明：经深翻施有机肥的植株根群较发达，植株生长也旺盛，产量也较高。

（四）间作

幼龄果园前 3 年行间较宽，为了经济地利用土地，减少杂草生长和水土流失，在 2~3 年果园内开始可间种短期农作物，蔬菜、花生、豆类、短期水果或绿肥等。但不宜间作高秆作物、消耗地力的作物或攀沿性强的作物。间作物应种在杧果根圈外（离杧果 70~80cm），间作物必须施肥管理；一旦间作物影响杧果生长或妨碍日常管理工作时，就应停止间作。

（五）肥料精准管理

1. 杧果对营养元素的要求

肥料是作物的粮食和养分，要杧果速生、早结果、丰产、稳产，必须及时供应足够的肥料。杧果需要氮、磷、钾、镁、钙、硫等多种营养元素。

（1）氮（N）　是蛋白质和叶绿素的组成元素，对枝叶生长，花芽发育，果实增大和提高产量都有促进作用。如果缺氮，植株矮小，叶片小，叶色黄，开花结果少，质量低。试验表明，氮能有效地增加杧果开花数；开花期和幼果发育期对杧果树喷施尿素液作根外追肥能明显地增加产量。

（2）磷（P）　能增强植株的生命力，促进花芽分化和果实发育，增进果实品质。有试验表明，9 月，11 月和翌年 3 月（即花芽分化、形成和果实发育期）杧果树磷的含量下降，此时喷施 0.5% 的磷酸能增加开花数，提高坐果率；如喷氮、磷混合液增产效果更明显。

（3）钾（K）　钾能促进 N 的吸收，促进对光能的利用，增加植株细胞，促进花芽分化；提高植株抗寒和抗病力，并能增进果实品质。杧果耗钾量大，特别结果树钾的施用量应略高于氮。实践证明，混合施用 N、K 肥能提高杧果产量，增进果实品质。在开花结果期和新梢生长期都需要有足够的钾才能满足杧果生长发育需要。

（4）镁（Mg）　是叶绿素的组成元素，适当的镁能促进杧果生长，缺镁时植株生长受抑制，叶片园短，失绿，寿命短，影响植株的同化作用。海南土壤一般缺 Mg 肥增产效果明显。

（5）钙（Ca） 能促进杧果树生长发育，缺钙的植株矮小、叶片坏死，变黄脱落；果实缺钙易染病和发生生理劣变。

近年研究认为，硫也属必需的元素之一，其他如硼、锌、铜、锰、钼等也是必需的微量元素，缺乏或不足都会影响植株生长，使果实发育不正常。

据介绍，美国佛罗里达杧果叶片各种矿物元素的最适含量为：N1.0%~1.5%，P_2O_5 0.08%~0.175%，K_2O 0.3%~0.8%，Ca 2.0%3.5%，Mg 0.15%~0.40%（P.Martin 等 1987）；印度萨蒂库玛（1977）认为：N：P：K：Mg: Ca 的临界值分别为 1%、0.1%、0.5%、1.5% 和 0.15%，低于临界值会出现缺素症。

2. 结果树施肥

结果树以促进结果，提高产量，增进品质为努力目标。其施肥种类，用量和施肥期都不同于幼树。国外施肥种类偏重氮、钾肥，磷肥施用很少。据介绍，美国佛罗里达州结果树施肥的比例为 N：P：K：Mg 为 8：0：8：2 或 8：2：10：3。据果实成分分析，在印度每生产 1t 果从土壤中带走 6.9kg N，0.8kg P_2O_5，6.6kg K_2O 和 3.1kg Mg；在巴西圣保罗每收一箱果（40 磅，约 18kg）需施 N 60g，P_2O_5 30g，K_2O 60g。说明结果树耗 K 量与耗 N 相当，而对 P 的吸收不多。

结果树根据其结果物候有如下 4 个主要施肥时期。

（1）催花肥 开花前一个月为花芽分化期，具体时间因地区、品种和当时所处的气候不同而异。如在海南省 11—12 月为杧果花芽分化期，在 10 月下旬至 11 月初（雨水结束前）施氮、钾肥以促进花芽分化，用肥量约占年追肥量的 1/3~1/2。

（2）谢花肥 如果杧果树开花量大，养分的消耗量也必大，为了促进稔实、坐果，应在谢花时施 1 次速效氮肥，或结合喷药防病虫时加入 0.5%~1% 的尿素或硝酸钾作根外追肥。

（3）壮果肥 谢花后 30d 左右是果实迅速增长期，也是幼龄结果树春梢抽生期，果实发育和新梢生长都需要大量的养分，养分不足会导致落果。此时至收获前 15d 应追施 1~2 次速效氮、钾肥或根外追肥，以促进果实发育和缓解果实发育与枝梢生长对养分的争夺。此时施钾肥也有增进果实品质的效果。

（4）果后肥 采果后，果实摄走了大量养分，结果越多，植株养分消耗越大，必须及时补充养分才能恢复树势，促进果后抽梢，为来年丰产打好基础。特别在丰年，植株消耗很大，常致树势衰竭，叶色暗淡，采果后纵使施肥当年也不抽梢，直至翌年春天树势恢复后才抽梢，形成隔年结果。故在丰年（或结果多时），在收获前树势还未衰竭时即应施速效氮钾肥或根外追肥，保持植株不会因挂果而衰竭；采果后立即施重肥，先施速效氮肥，再施基肥。这次肥包括全部的有机肥、磷肥和 1/2 的追肥。

在上述 4 次施肥中，催花肥与果后肥是主要的，谢花肥与壮果肥根据结果情况和植株生势而定。国外一些国家和地区也有施 2~3 次肥的，如美国的佛罗里达州、菲律宾和法国的留尼汪只施催花肥与果后肥；印度施 3 次肥（增施壮果肥），而我国台湾省则施果后肥和壮果肥。

施肥量因植株大小而异，树冠宽 4m 以内的植株每年每株施厩肥 30~50kg（或饼肥或鱼肥 1~3kg），过磷酸钙 0.5~1kg；尿素和硫酸钾各 1~2kg，或复合肥 2~3kg。随着树龄增加和树冠扩大，施肥量应酌情增加。

二、水分精准管理

果园水分管理是栽培管理中最为重要的管理内容之一。然而，目前果园的水分管理依旧绝大部分是传统的管理方式，要么“靠天吃饭”，要么为了节约成本而尽量少灌溉，要么随意性灌溉。要真正做到水分的精准管理，必须是在基于清楚了解杧果的树体水分变化规律：如年变化、月变化乃至日变化的基础上，并综合考虑土壤条件及天气条件的前提下，也即了解需求量与提供量后，才能根据二者的差值，来最后确定是否需要补充水分及补充多少。

（一）树体水分变化规律

1. 主栽杧果品种树体水分变化与需求规律

（1）贵妃杧与台农杧树体水分的年变化　从图 6-1 可以看出，贵妃杧与台农杧在一年中树体水分的变化不尽相同。在 7—10 月，贵妃杧所需要的水分略少于台农杧，11 月至翌年 1 月底二者所需水分基本一致，但在 2—3 月贵妃杧所需水分明显多于台农杧。这一点在指导周年的灌水十分必要。

从图 6-2 和图 6-3 可看出，杧果叶片的相对含水量（RWC）均高于土壤，

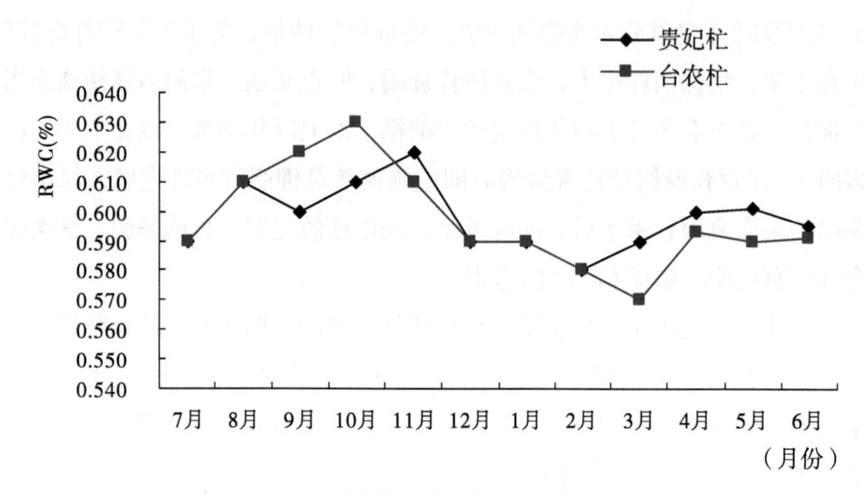

图 6-1　贵妃杧与台农杧 RWC 年变化

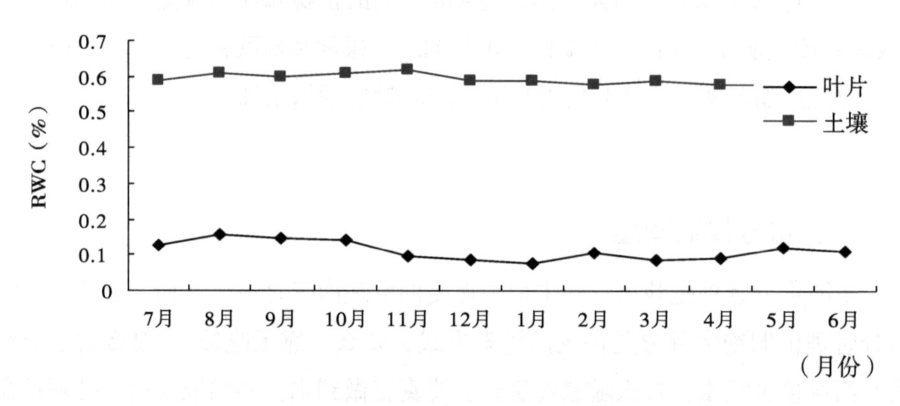

图 6-2　贵妃杧与土壤 RWC 年变化

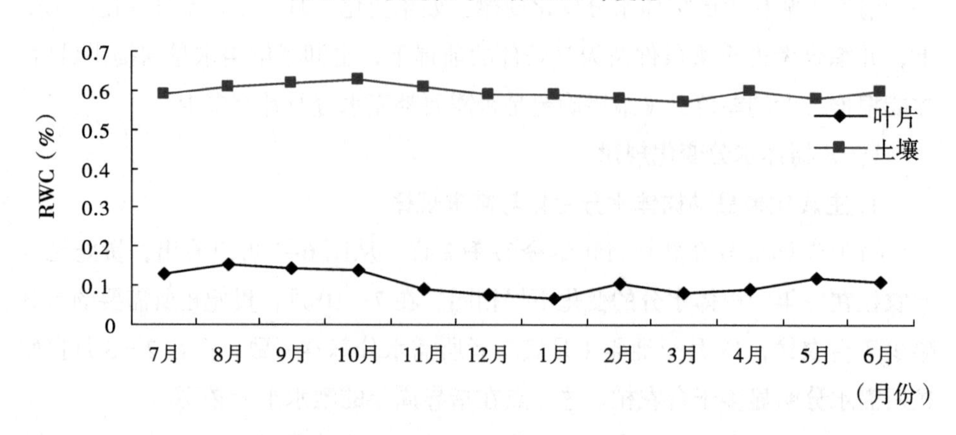

图 6-3　台农杧与土壤 RWC 年变化

相对于土壤来说，叶片在一年中的变化幅度要小于土壤，可能与叶片每次均取成熟老叶有关。同时，从周年较大变化幅度的土壤相对含水量来说，意味着我们要补充更多的水分，以满足杧果树体正常生长对水分的需求。

（2）贵妃杧与台农杧树体水分的月变化　从图 6-4 至图 6-7 可以看出，贵妃杧与台农杧在每个月份内的变化趋势亦分别不相同。如在 7 月，贵妃杧在 1 个月中对水分的要求是先低后高，而台农杧则先高后低（图 6-4）；11 月二者均是先持平后增加（图 6-5）；而 12 月和翌年 1 月二者在 1 月中对水分的需求量均是逐步增多（图 6-6 和图 6-7），这一点在指导每个月的灌水则十分必要。

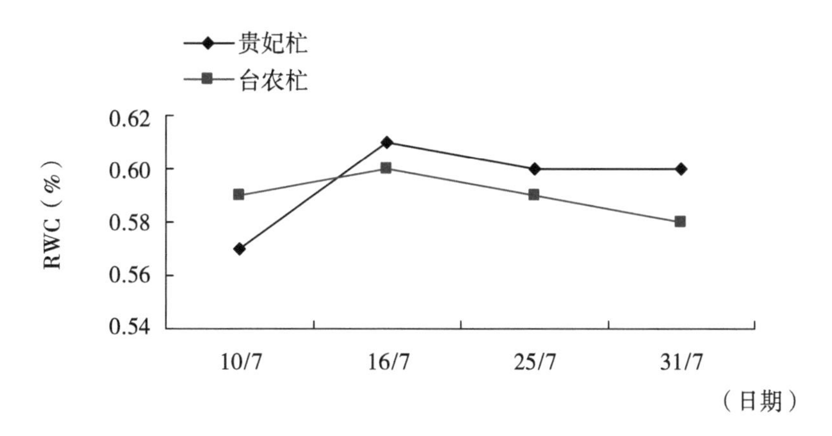

图 6-4　7 月贵妃杧与台农杧 RWC 月变化

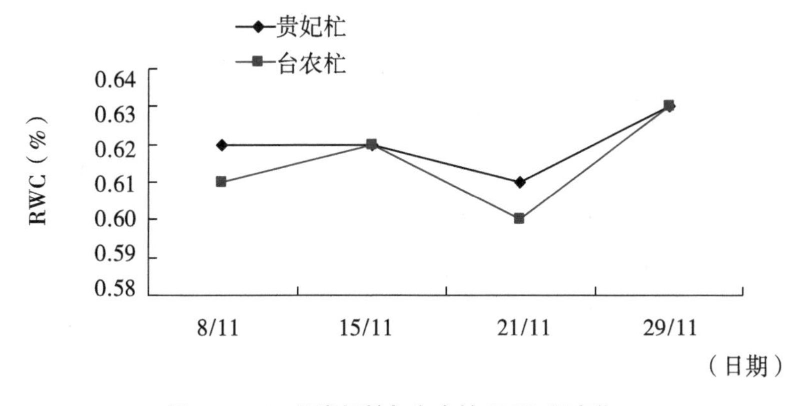

图 6-5　11 月贵妃杧与台农杧 RWC 月变化

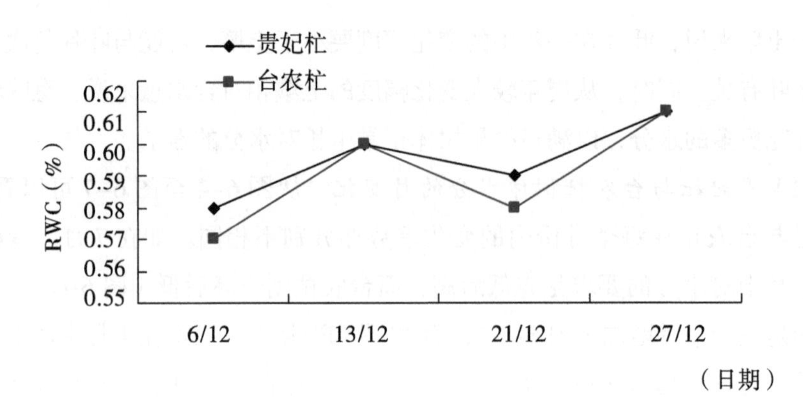

图 6-6　12 月贵妃杧与台农杧 RWC 月变化

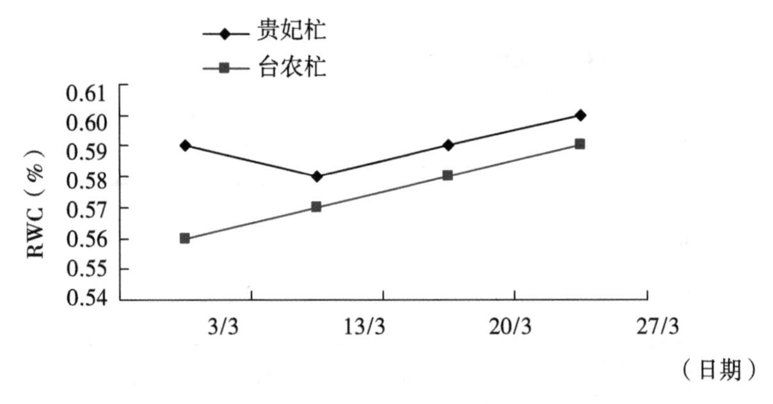

图 6-7　3 月贵妃杧与台农杧 RWC 月变化

（3）贵妃杧与台农杧树体水分的日变化　从图 6-8 至图 6-16 可以看出，除 7 月以外（图 6-8），其余月份中均表现出了较为明显的日中午休现象，但不同月份日中午休出现的时间点会有所变化，绝大多数月份的“午休”时间出现在 14:00 左右，而 9—11 月“午休”时间出现在 12:00 左右（图 6-10 至图 6-12）。7 月未出现“午休”现象可能与取样前 1d 降雨有关，9—11 月“午休”时间出现在 12:00 左右可能与这几个月份温度偏高且日最高温在 11:00 左右就出现有很大关系。在 1d 中的具体灌水时间应充分考虑这一点，具体每天中的灌水时间建议选择在 9:00 前完成或 17:00 以后进行。

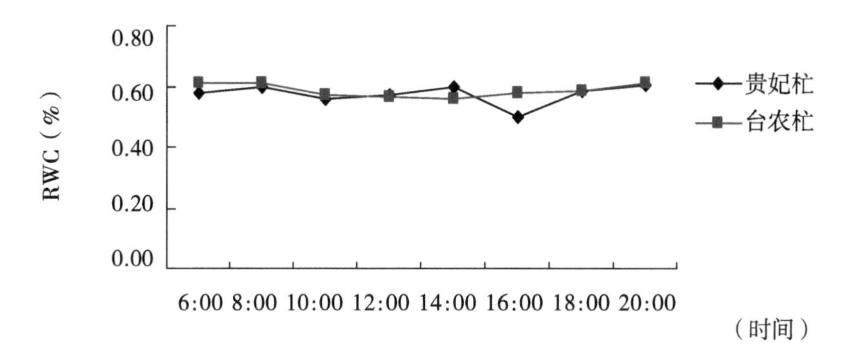

图 6-8　7 月贵妃杧与台农杧 RWC 日变化

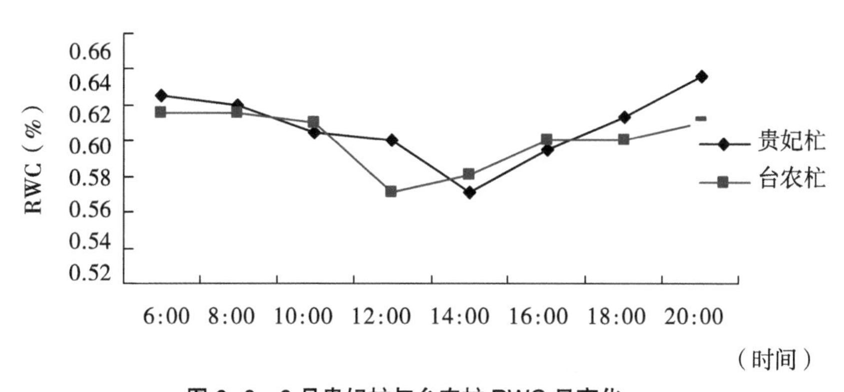

图 6-9　8 月贵妃杧与台农杧 RWC 日变化

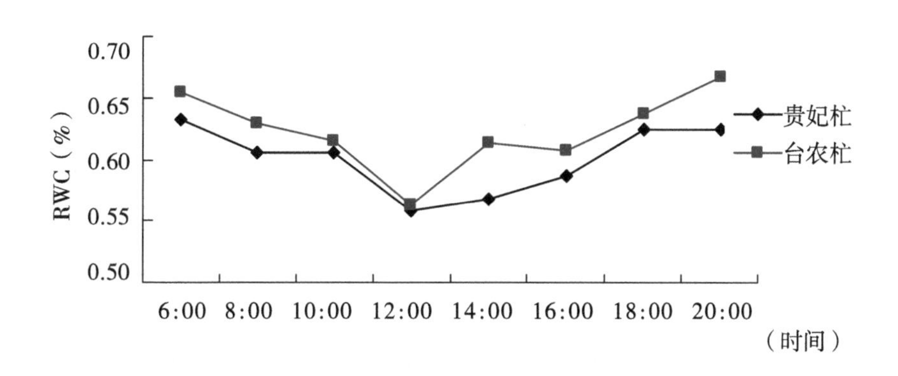

图 6-10　9 月贵妃杧与台农杧 RWC 日变化

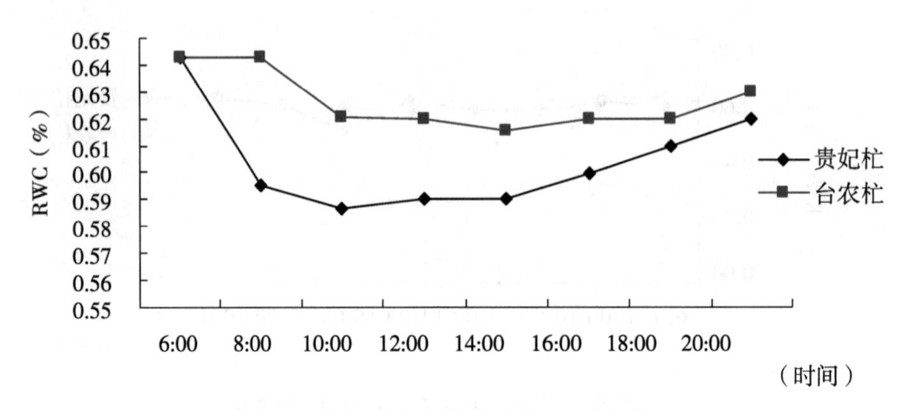

图 6-11 10 月贵妃杧与台农杧 RWC 日变化

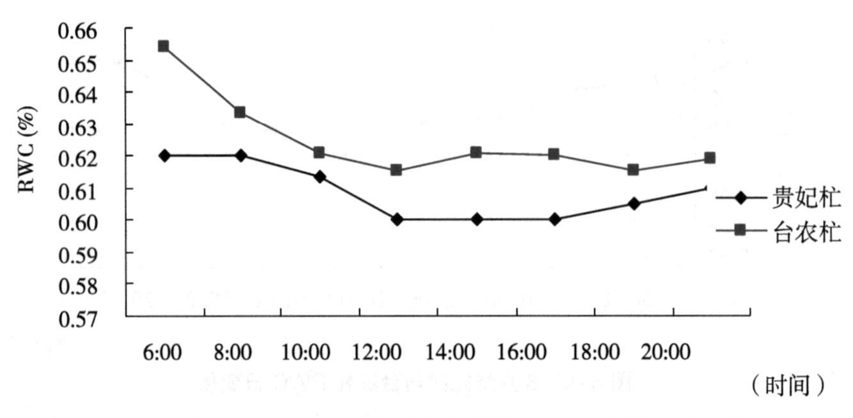

图 6-12 11 月贵妃杧与台农杧 RWC 日变化

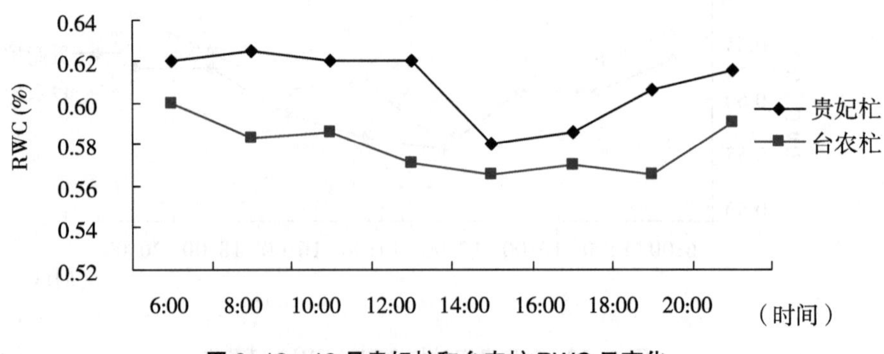

图 6-13 12 月贵妃杧和台农杧 RWC 日变化

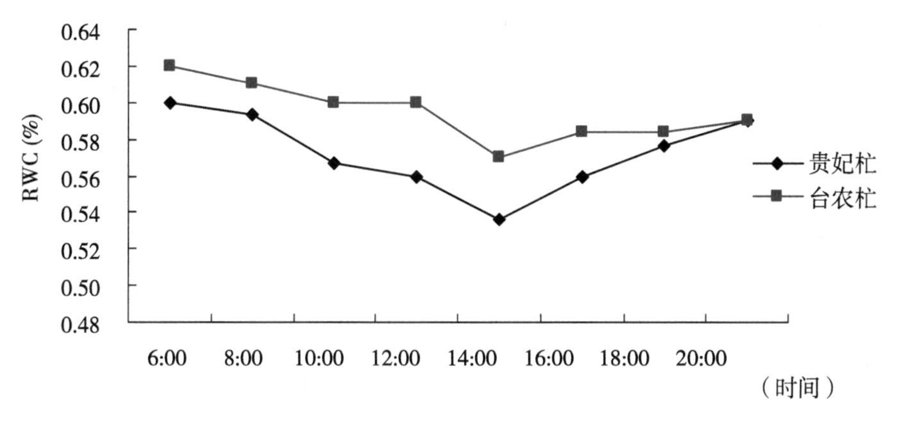

图 6-14　1 月贵妃杧和台农杧 RWC 日变化

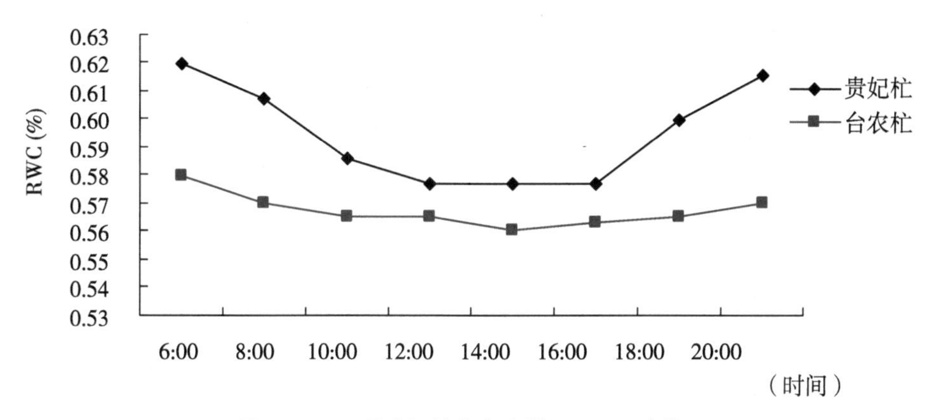

图 6-15　2 月贵妃杧和台农杧 RWC 日变化

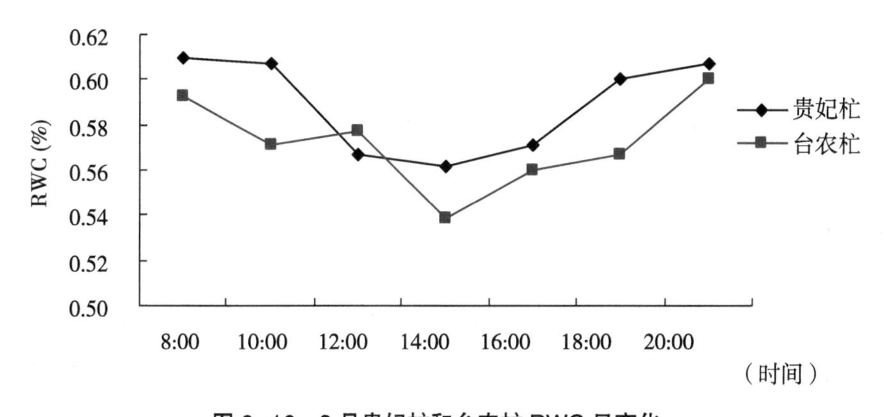

图 6-16　3 月贵妃杧和台农杧 RWC 日变化

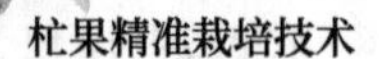

2. 主栽品种不同物候期与不同季节需水规律

杧果在 1 年中有多个物候期，每个物候期所需要的树体水分含量也会不尽一致。在海南，对于杧果正结果来说，7—10 月为正常生长的杧果的结果母枝培养期，11 月逐渐进入花芽分化期，12 月抽花，至次年的 1 月逐渐开花，2—3 月通常为果实生长期。

从图 6-17 可以看出，贵妃杧与台农杧在 1 年中树体水分的变化不尽相同。在结果母枝培养期间，贵妃杧所需要的水分略少于台农，那么在水分管理上就应区别对待；在花芽分化期及开花期二者所需水分基本一致；但在果实快速膨大期，贵妃杧所需水分明显多于台农杧，所以在果实膨大期的水分管理贵妃杧用水量要多于台农杧。

从季节上来说，7—9 月通常是海南的雨季，在水分管理上主要是做好排水工作；到了 10 月降雨逐渐减少，此时是贵妃杧和台农杧的结果母枝老熟期，虽然需要的水分还是比较多，单为了防止“冲梢”及为花芽分化打好基础，所以此月可适当补充水分，但一定要控制灌水量；11 月以后降雨明显减少，此时是花芽分化的主要时间，需要的水分也较少，灌水量及次数主要根据天气情况进行确定。在 12 月至翌年 1 月的抽花期间，为了促进抽出健壮、较为稀疏的花序及开花期提前和花期整齐，还需适当的补充水分。开花期若遇干燥天气，则主要以喷清水为主，地面灌溉为辅，若遇连阴雨天气，则要不断摇花，以减少对授粉的影响和降低病害发生的概率。在 1—2 月为坐果期和小果细胞分裂期，此时以适当控水为宜，在果实快速膨大期则应加大水分供应量。5 月采收前应适当控制灌水，以减少裂果、促进着色及延长采收后的货架期。6 月回缩后应尽快补足水分，以利萌芽并尽快抽发新枝。

3. 不同灌溉处理对贵妃杧与台农杧 RWC 的影响

从图 6-17 和图 6-18 可以看出，不同的灌水量对贵妃杧与台农杧 RWC 的影响是不同的。从既能最大限度地满足生长的需要，又可以节约水资源两个方面综合来看，对于贵妃杧来说，以处理 B（灌 41L/ 株 / 次）的灌水量比较合适，该灌水量下贵妃杧 RWC 的变化规律与自然条件下贵妃杧 RWC 的变化规律基本一致，既能满足生长需要又能节约水资源（图 6-17）；对于台农杧来说，则以处理 C（灌 65L/ 株 / 次）的灌水量比较合适，在该灌水量下台农杧

RWC 的变化规律与自然条件下台农杧 RWC 的变化规律基本一致，即既能满足生长需要又能节约水资源（图 6–18）。

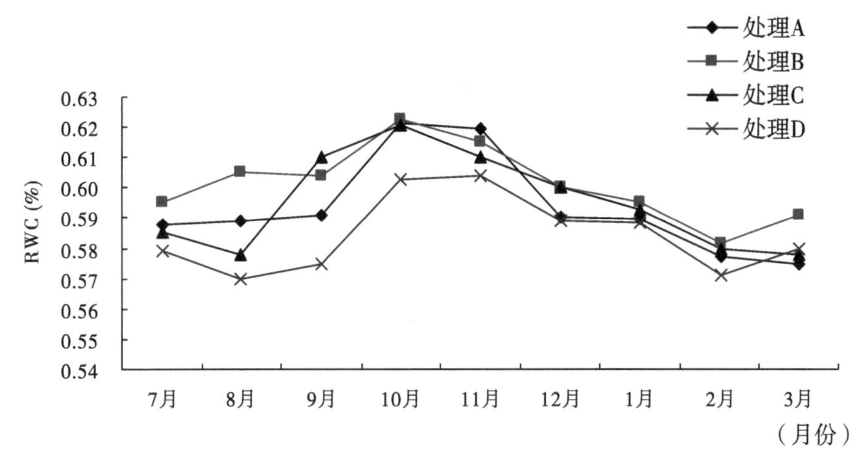

图 6–17　不同灌溉处理对贵妃杧 RWC 的影响

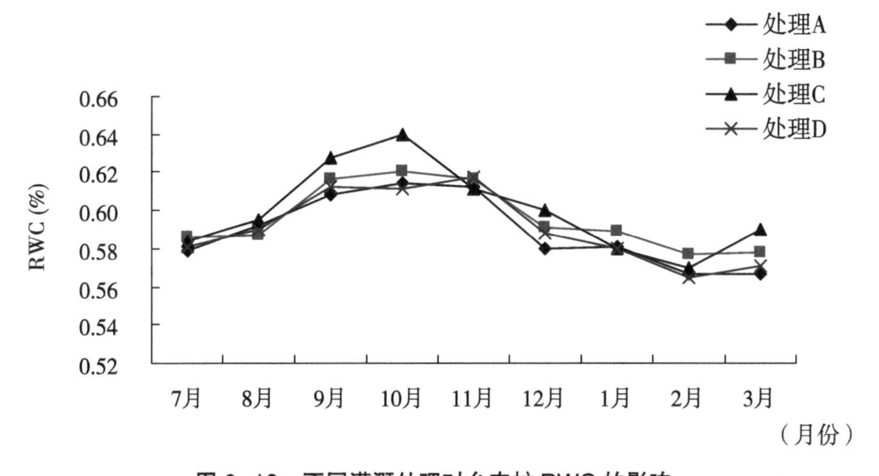

图 6–18　不同灌溉处理对台农杧 RWC 的影响

处理 A：灌 18L/ 株 / 次；处理 B：灌 41L/ 株 / 次；处理 C：灌 65L/ 株 / 次；处理 D：灌 88L/ 株 / 次（以下同）

从图 6–19 至图 6–22 可以看出，贵妃杧与台农杧的果实生长曲线基本为单“S”形，不同灌水量对二者果实纵横径的影响不一。对于贵妃杧来说，以处理 B（灌 41L/ 株 / 次）处理后果实的纵径和横径均较大（图 6-19 和图 6-20）；对于台农杧来说，则处理 C（灌 65L/ 株 / 次）处理后果实的纵径和横径均较大（图 6-21 和图 6-22），综合不同灌溉处理对贵妃杧与台农杧的 RWC 和果实纵横径的影响来看，贵妃杧均以处理 B（灌 41L/ 株 / 次）比较理想，而台农杧则以处理 C（灌 65L/ 株 / 次）比较理想。

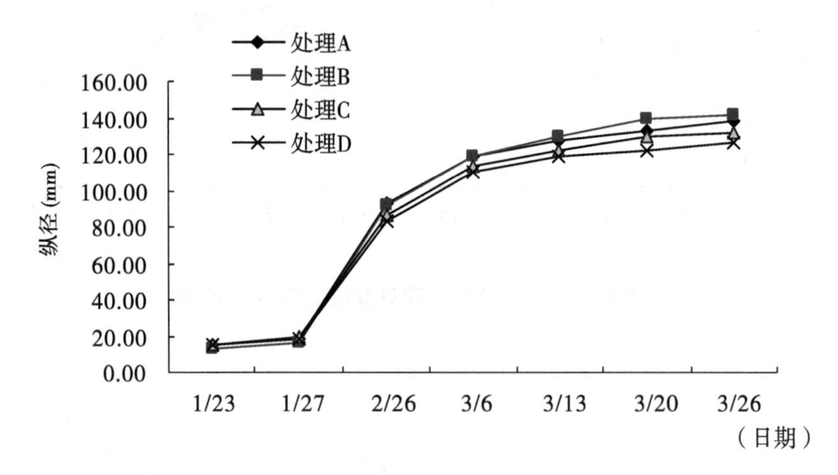

图 6-19　不同处理对贵妃杧果实纵径的影响

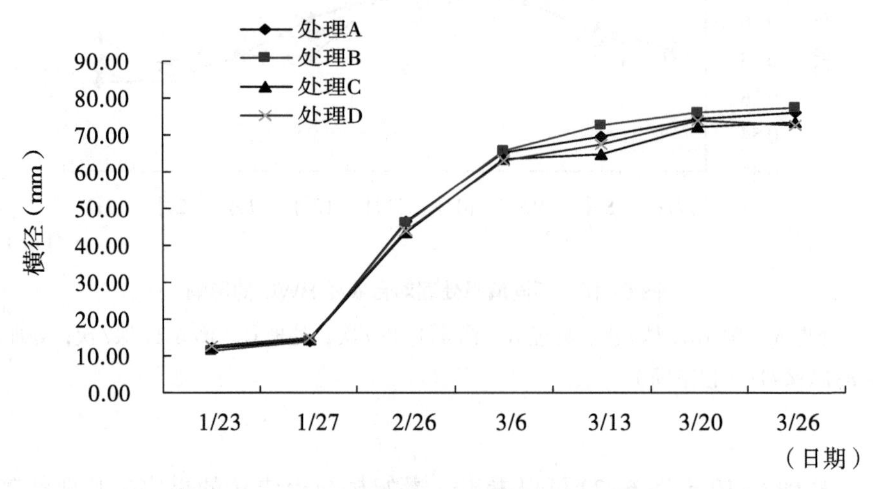

图 6-20　不同处理对贵妃杧果实横径的影响

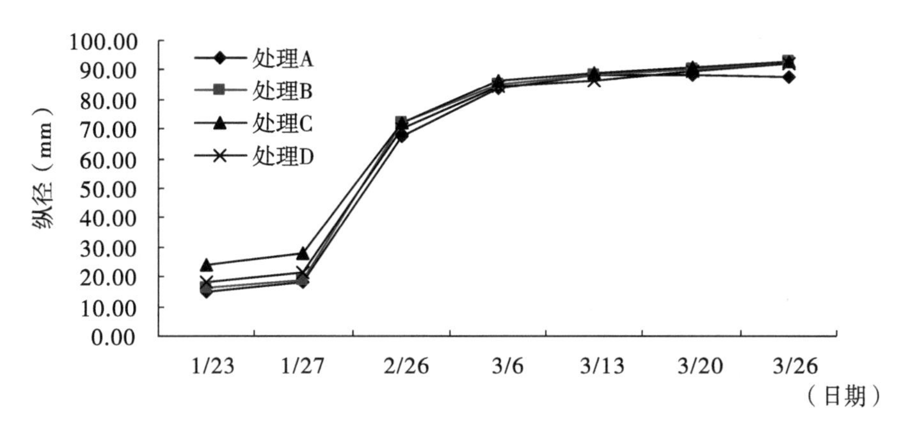

图 6-21　不同处理对台农杧果实纵径的影响

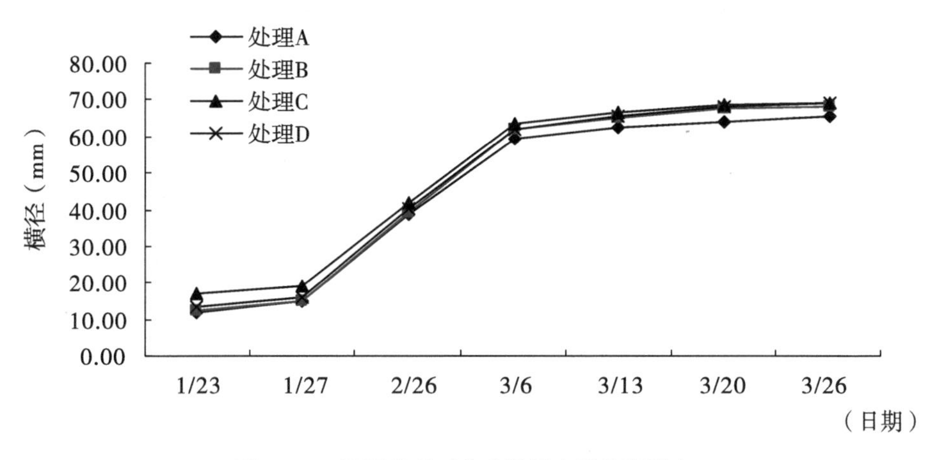

图 6-22　不同处理对台农杧果实横径的影响

4. 不同果园管理制度对贵妃杧与台农杧水分需求量的影响

（1）不同果园管理制度对贵妃杧与台农杧果实生长的影响　从图 6-23 至图 6-26 可以看出，不同的果园管理制度对贵妃杧与台农杧果实生长期间的影响还是存在的，对于贵妃杧来说，不同的管理制度对果实纵横径的影响相互区别较大，以覆盖最能促进果实纵横径的生长，自然与覆盖处理非常接近，而清耕法在 3 种管理制度中表现最差（图 6-23 和图 6-24）。而台农杧则不同管理制度间区别不大（图 6-25 和图 6-26）。另外，我们还可以看出，在幼果生长期，无论哪种方式，相互间的影响差别不大，真正起作用是在果实快速膨大期及以后，因此，在果园管理过程中，应注意在果实快速膨大前采取覆盖措施。

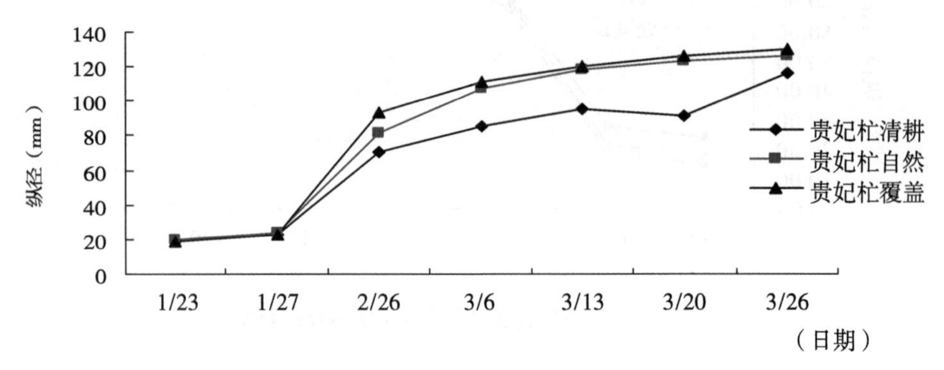

图 6-23　不同果园管理制度对贵妃杧果实纵径的影响

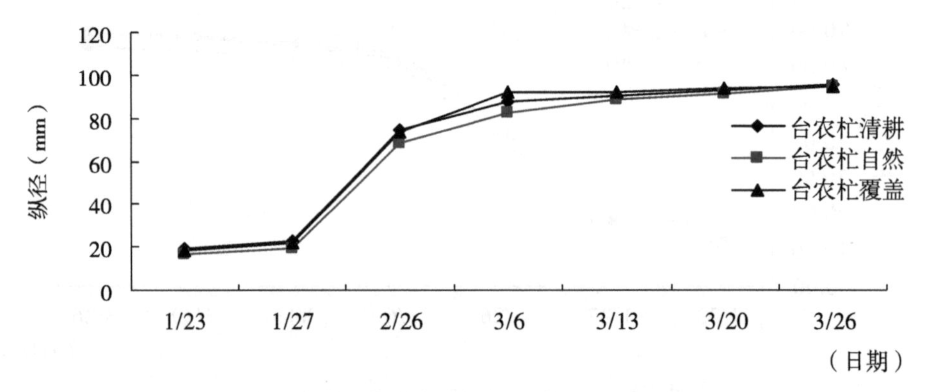

图 6-24　不同果园管理制度对台农杧果实纵径的影响

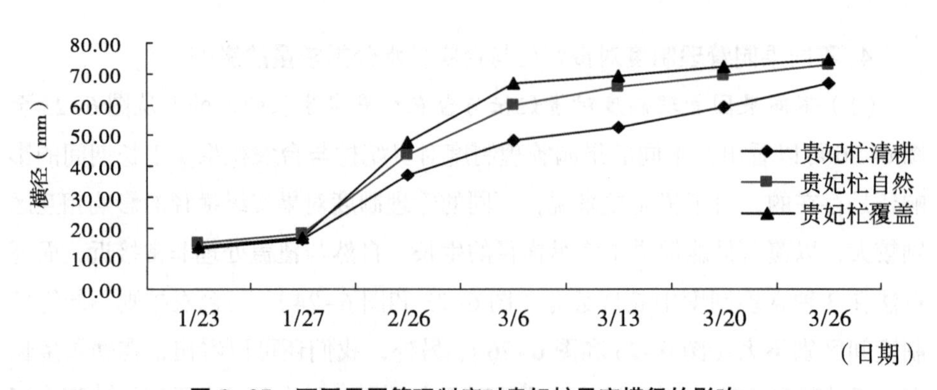

图 6-25　不同果园管理制度对贵妃杧果实横径的影响

（2）不同果园管理制度对贵妃杧与台农杧 RWC 的影响　从图 6-26 和图 6-27 可以看出，不同果园管理制度对贵妃杧与台农杧 RWC 的影响不一，清耕法和自然法处理后树体水分变化比较剧烈且易外界环境条件影响，以覆盖法效果较明显。

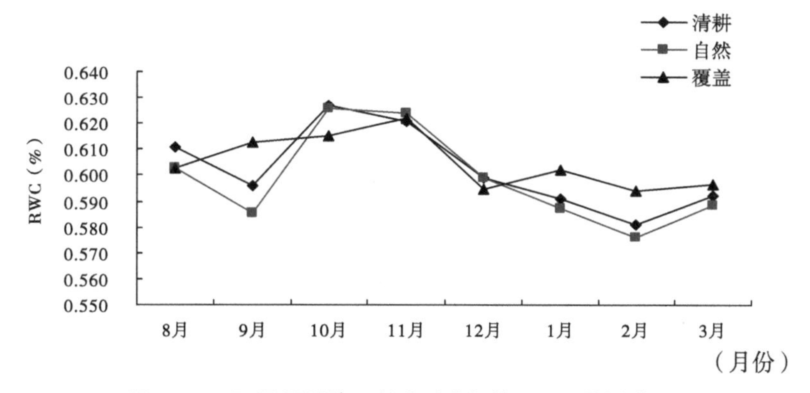

图 6-26　不同果园管理制度对贵妃杧 RWC 的影响

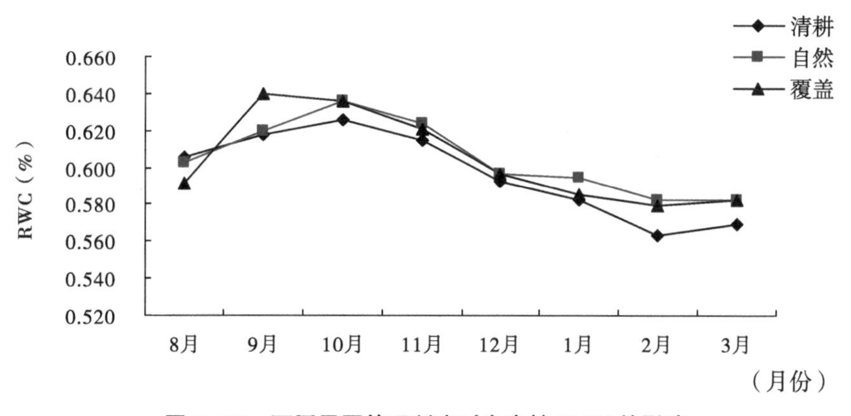

图 6-27　不同果园管理制度对台农杧 RWC 的影响

（3）不同果园管理制度对贵妃杧与台农杧叶片长度的影响　从图 6-28 和图 6-29 可以看出，从不同的果园管理制度对叶片长度的影响角度来说，3 种管理方式间差别不大。但从防止水土流失、增加土壤有机质、减少人力成本的角度出发，建议采取覆盖法。

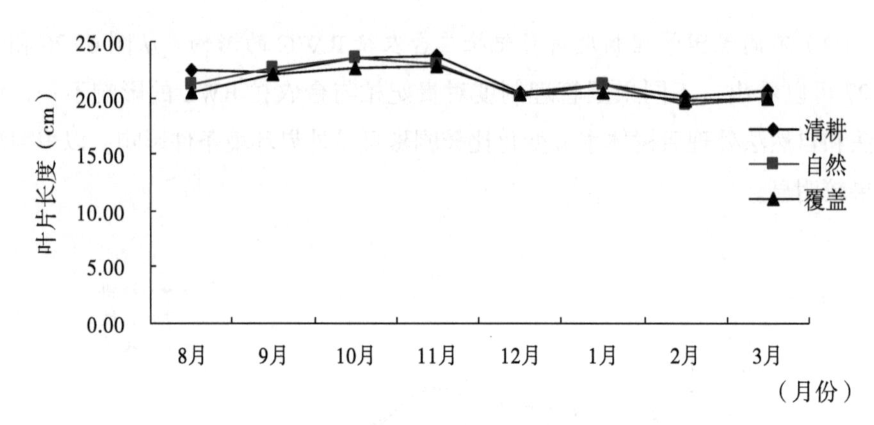

图 6-28　不同果园管理制度对贵妃杧叶片长度的影响

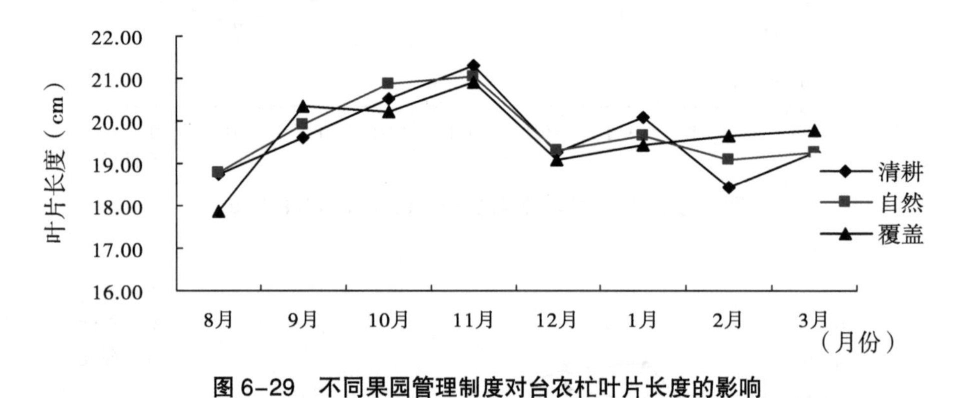

图 6-29　不同果园管理制度对台农杧叶片长度的影响

（4）不同处理对贵妃杧与台农杧树冠生长的影响　从不同的果园管理制度对树冠生长的影响角度来说（图 6-30 和图 6-31），清耕和覆盖间差别不大。但从防止水土流失、增加土壤有机质、减少人力成本的角度出发，建议采取覆盖法。

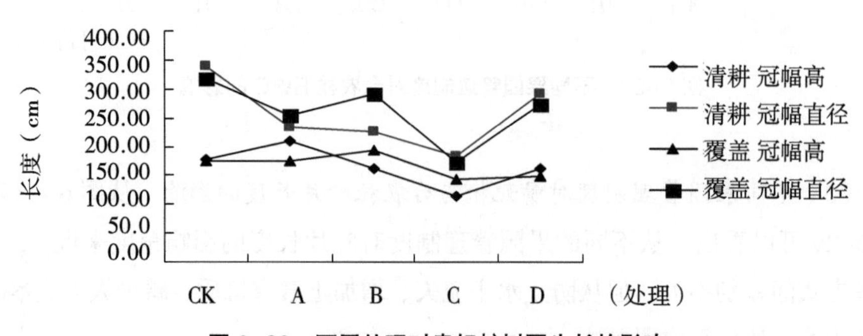

图 6-30　不同处理对贵妃杧树冠生长的影响

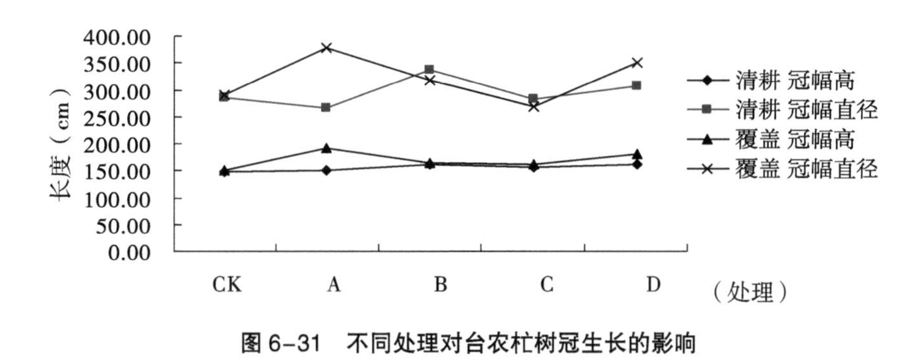

图 6-31　不同处理对台农杧树冠生长的影响

（5）不同处理对贵妃杧与台农杧果实理化指标的影响　从图 6-32 和图 6-33 可以看出，从不同的果园管理制度对单株产量的影响角度来说，清耕和覆盖间差别不大，但不同的灌水处理之间还是有较大的差异。对于贵妃杧来说，处理 A 和处理 B 效果最明显切二者间差异不显著，对于台农杧来说，以处理 D 产量最高。

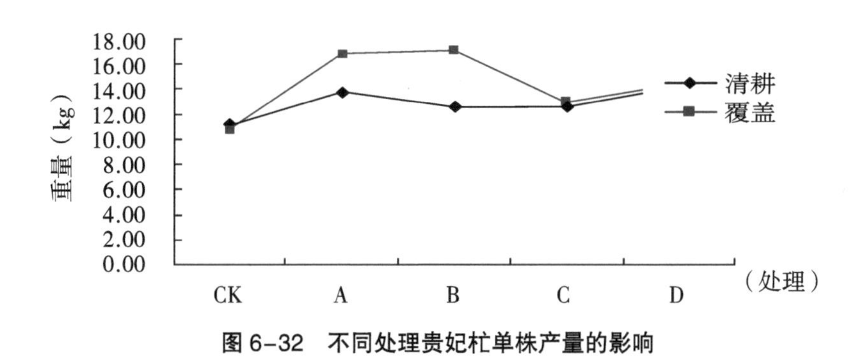

图 6-32　不同处理贵妃杧单株产量的影响

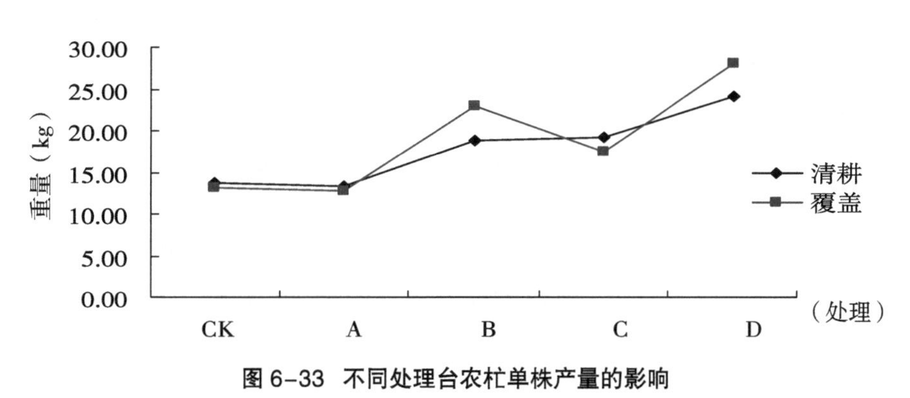

图 6-33　不同处理台农杧单株产量的影响

从不同的果园管理制度对果实可食率的影响角度来说（图 6-34 和图 6-35），清耕和覆盖差别不大。

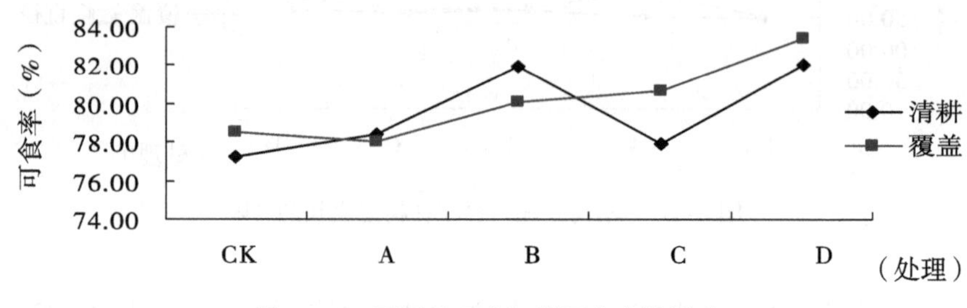

图 6-34　不同处理贵妃杧可食率的影响

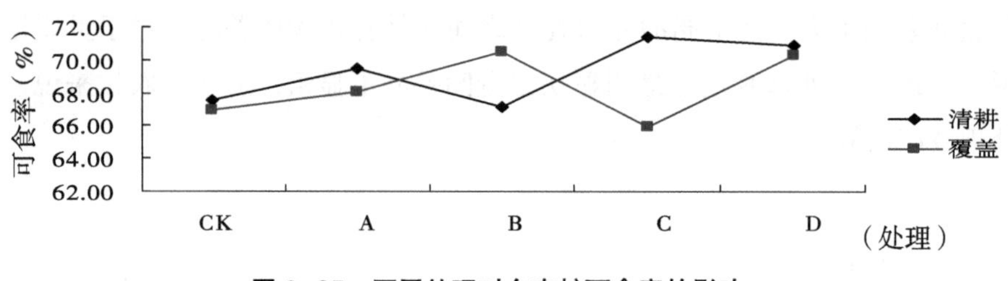

图 6-35　不同处理对台农杧可食率的影响

从不同的果园管理制度对果实鲜重和干重的影响角度来说（图 6-36 和图 6-37），清耕和覆盖间均以覆盖效果较好。

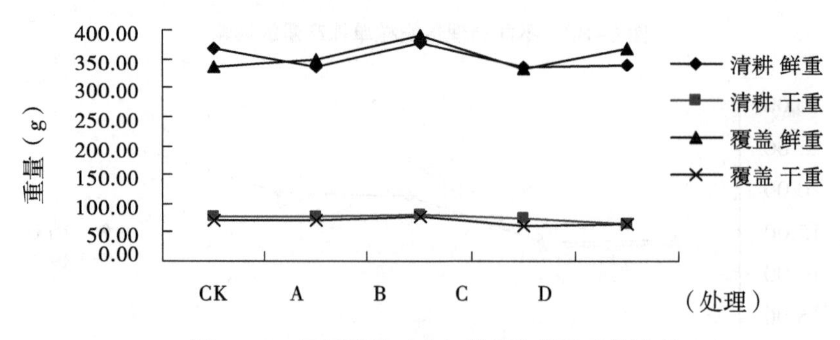

图 6-36　不同处理对贵妃杧果实鲜干重的影响

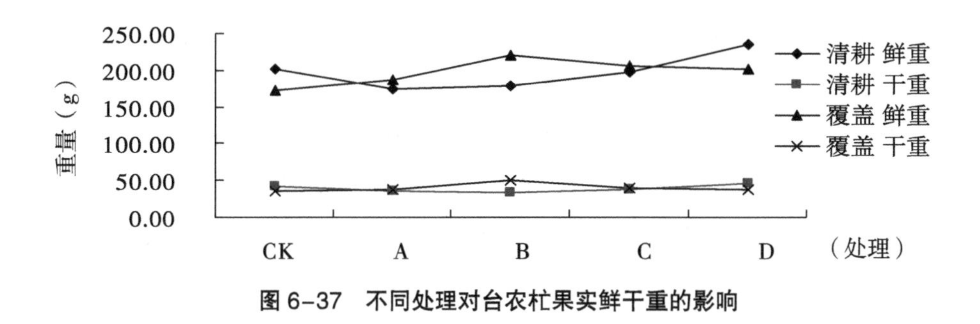

图 6-37　不同处理对台农杧果实鲜干重的影响

从不同的果园管理制度对果实可溶性固形物含量的影响角度来说（图 6-38 和图 6-39），均以覆盖效果较好，对于灌水处理来说，以处理 B 可溶性固形物含量最高。

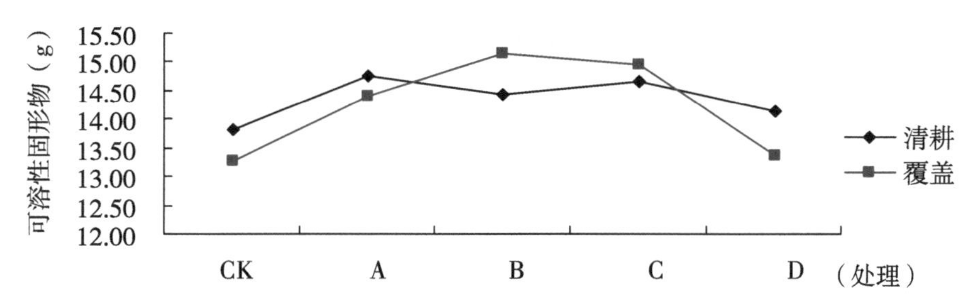

图 6-38　不同处理对贵妃杧果实可溶性固形物含量的影响

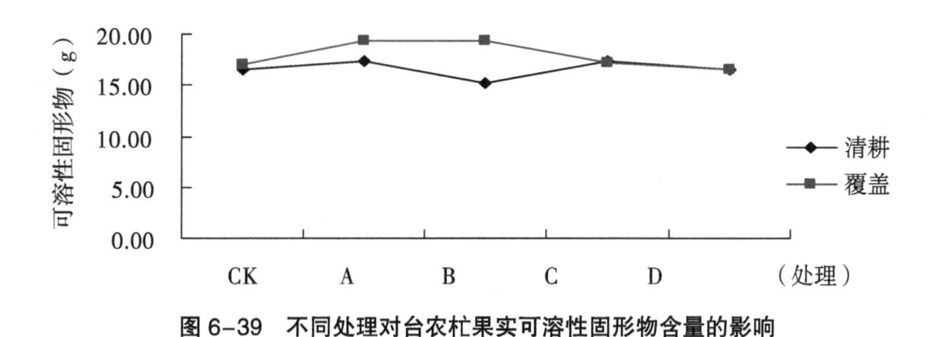

图 6-39　不同处理对台农杧果实可溶性固形物含量的影响

5. 不同土壤含水量对杧果果实生长发育及生理指标的影响

（1）不同土壤含水量对果实横径的影响　如图 6-40 所示，各个处理杧果果实横径生长先增加，随后趋于平稳。除 4 月 14 日，CK 处理果实横径小于 A

处理，大于其他处理外，其他时间，对照处理果实横径小于其他处理。4 月 14 日至 21 日，A 处理、CK 增长幅度不同于其他处理。5 月 12 日后，杧果果实横径趋于稳定。采果时，杧果果实横径的大小为：D 处理＞ E 处理＞ B 处理＞ C 处理＞ A 处理＞ CK，A、B、C、D、E 各处理与 CK 相比，杧果果实横径增长幅度分别为 5.5%、13.0%、6.8%、15.2% 和 13.5%。各处理之间，杧果果实横径之间并无差异显著性。

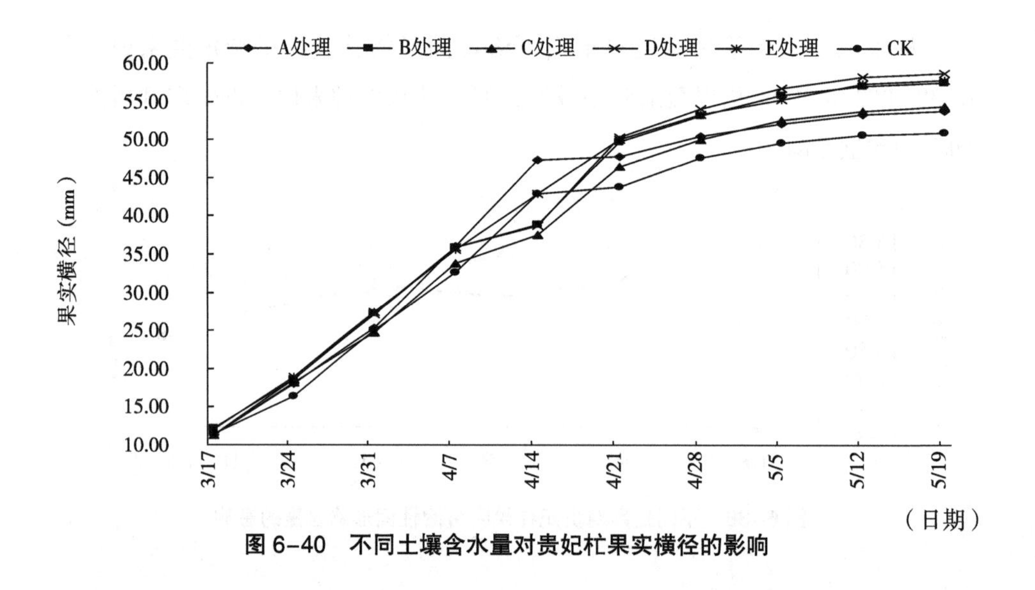

图 6-40　不同土壤含水量对贵妃杧果实横径的影响

（2）不同土壤含水量对果实纵径的影响　如图 6-41 所示，各处理杧果果实纵径先增加，随后趋于平稳。除 4 月 14 日，对照处理果实纵径大于 C 处理外，其他时间，CK 果实纵径小于其他处理。3 月 24 日以后，D 处理果实纵径大于其他处理，随着果实生长发育，果实纵径差距越来越大。4 月 21 日以后，D 处理杧果果实的纵径显著高于对照处理果实纵径，同其他处理之间无差异显著性。5 月 12 日后，杧果果实纵径趋于稳定。采果时，杧果果实纵径的大小为：D 处理＞ B 处理＞ E 处理＞ C 处理＞ A 处理＞ CK，A、B、C、D、E 5 个处理与 CK 相比，杧果果实纵径增长幅度分别为 5.4%、15.3%、6.5%、18.7%、11.2%。可见亏缺灌溉可以增加杧果果实纵径的生长。

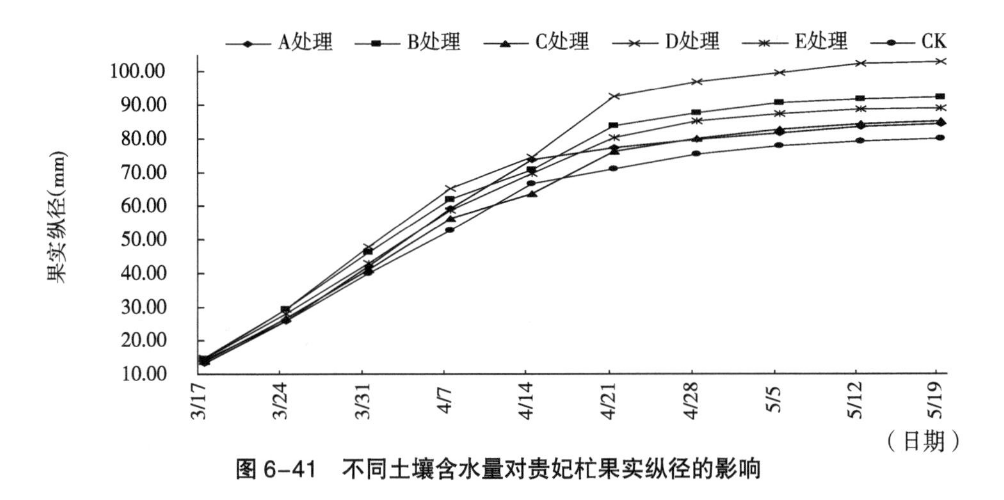

图 6-41　不同土壤含水量对贵妃杧果实纵径的影响

（3）不同土壤含水量对果实果形指数的影响　如图 6-42 所示，各个处理，果形指数的变化却有所不同。B、C、D、E 处理，果形指数的变化规律一致，先逐渐增加，随后逐渐减小，5 月 12 日以后趋于平稳，但果形指数的峰值时间不同，B 处理、C 处理、D 处理峰值在 4 月 14 日，E 处理峰值在 4 月 7 日。处理 A 、对照果形指数变化趋势基本一致。3 月 31 日以后，D 处理果形指数与其他处理差距越来越大，但是它们之间无差异显著性。

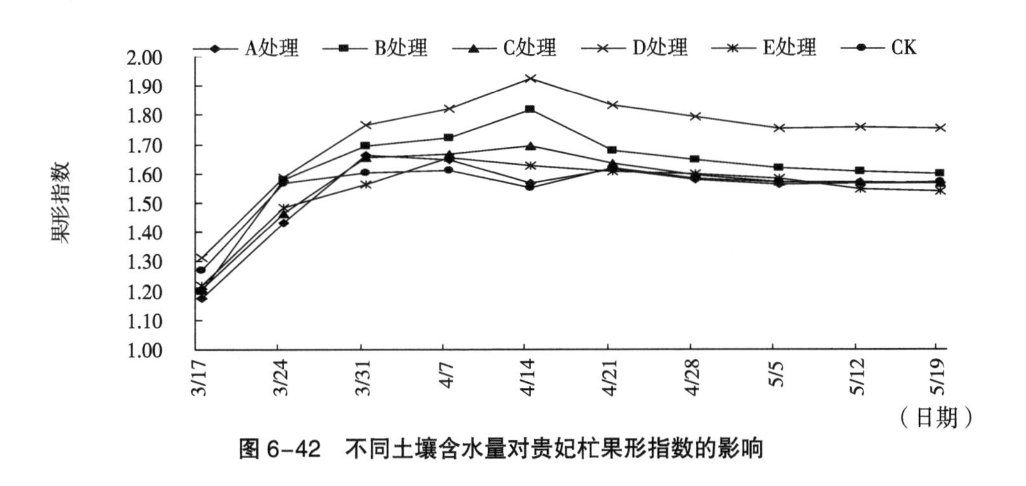

图 6-42　不同土壤含水量对贵妃杧果形指数的影响

（4）不同土壤含水量对果实单果重的影响　如图 6-43 所示，各处理的杧果果实单果重生长规律均呈典型的单“S”形规律。4 月 7 日前，各处理果实单果重变化幅度不大，随后增长幅度较大，4 月 28 日以后增长幅度减小。4 月 4 日前，对照处理杧果果实单果重变化幅度小于其他处理。采果时，A、B、C、D 和 E 对照各个处理杧果果实大小分别为 D 处理＞ E 处理＞ C 处理＞ CK＞ B 处理＞ A 处理。可见，亏缺灌溉可以提高杧果的单果重。

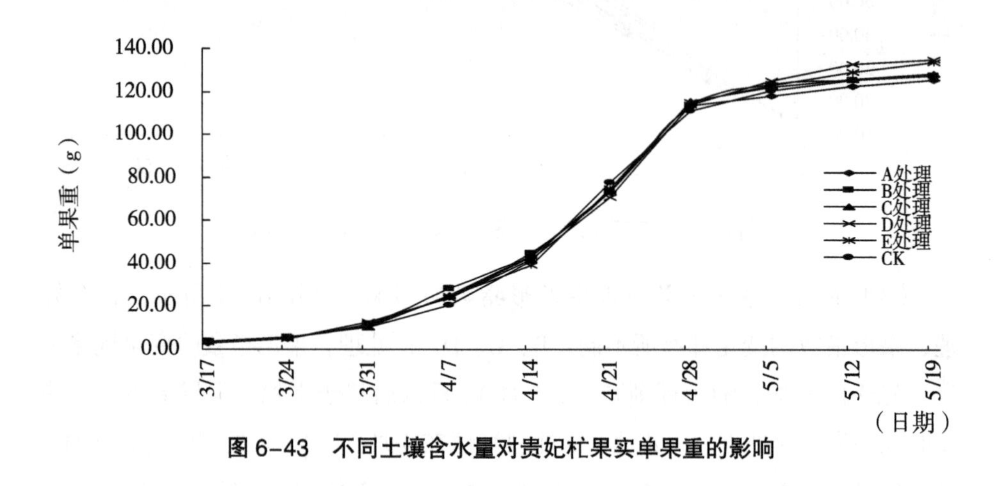

图 6-43　不同土壤含水量对贵妃杧果实单果重的影响

（5）不同土壤含水量对果实含水量的影响　如图 6-44 所示，各个处理间，杧果果实含水量变化趋势基本一致。4 月 7 日前，果实含水量先升高后降低再升高，4 月 7 日后，随着杧果果实的生长发育，果实含水量逐渐减少，其

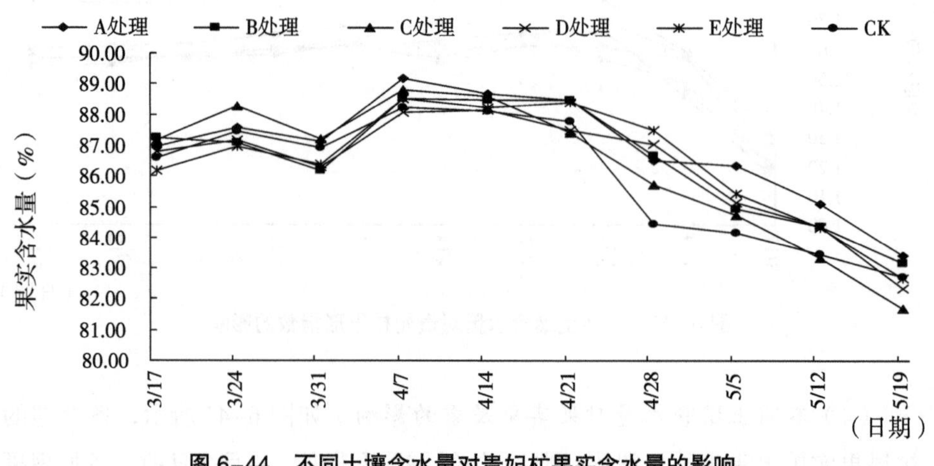

图 6-44　不同土壤含水量对贵妃杧果实含水量的影响

中 C 处理下降的幅度最大。采果时，A、B、C、D、E、对照各个处理杧果果实含水量分别为 A 处理＞ B 处理＞ CK ＞ E 处理＞ D 处理＞ C 处理，与对照相比，A、B 处理果实含水量增加幅度分别为 0.81%、0.53%；C、D、E 处理下降幅度分别为 1.24%、0.49%、0.07%。可见，充分灌溉可以提高杧果果实的含水量。

（6）不同土壤含水量对果实可溶性固形物含量的影响　如图 6-45 所示，各个处理间，杧果果实可溶性固形物变化规律基本一致。随着杧果果实的生长，可溶性固形物逐渐增加。4 月 7 日前，对照处理果实可溶性固形物小于其他处理，随着果实生长，对照处理果实可溶性固形物逐渐超过其他处理。4 月 14 日以后，A 处理可溶性固形物小于其他处理。采果时，A、B、C、D、E、CK 杧果果实可溶性固形物含量分别为 C 处理＞ E 处理＞ D 处理＞ CK ＝ B 处理＞ A 处理，而且，C 处理果实可溶性固形物与 A 处理果实可溶性固形物含量达到差异显著性。可见，充分灌溉可以降低杧果果实可溶性固形物含量。

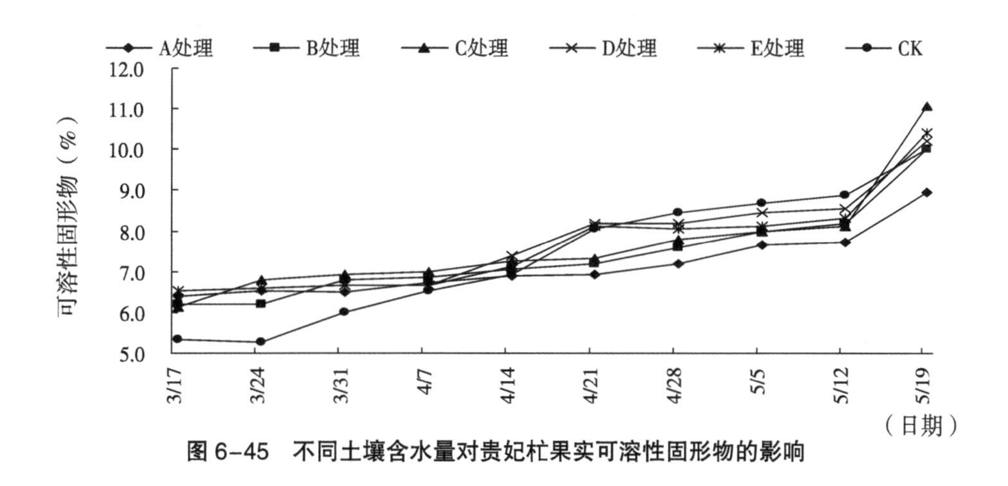

图 6-45　不同土壤含水量对贵妃杧果果实可溶性固形物的影响

（7）不同土壤含水量对果实可溶性糖含量的影响　如图 6-46 所示，各个处理间，果实可溶性糖整体上变化趋势基本一致。随着果实生长，可溶性糖含量逐渐增加。4 月 28 日前，可溶性糖含量变化幅度较小，随后可溶性糖变化幅度较大。采果时，A、B、C、D、E、CK 杧果果实可溶性糖含量分别为 A 处理＞ B 处理＞ CK ＞ C 处理＞ D 处理＞ E 处理，而且，A 处理果实可溶性糖

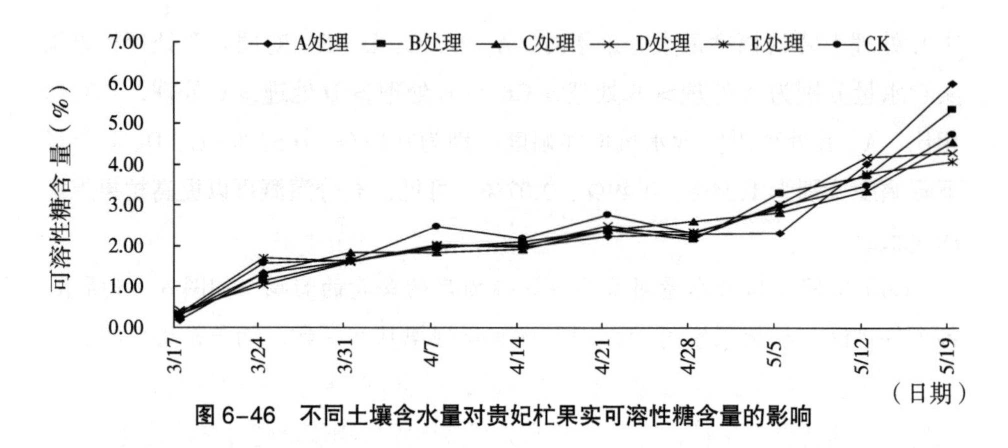

图 6-46　不同土壤含水量对贵妃杧果实可溶性糖含量的影响

与 E 处理果实可溶性糖含量达到显著性差异。其他时期，各个处理间无差异显著性。与对照相比，A、B 处理增长幅度分别为 26.07%、12.81%，C、D、E 处理却低于对照。可见，充分灌溉可以提高杧果果实可溶性糖含量。

（8）不同土壤含水量对果实淀粉含量的影响　如图 6-47 所示，各个处理间，杧果果实淀粉含量变化趋势整体上基本一致。随着果实增长，淀粉含量逐渐增加。采果前期，果实淀粉增长幅度最大。采收时，A、B、C、D、E、CK 杧果果实淀粉含量分别为 CK ＞ B 处理＞ A 处理＞ E 处理＞ D 处理＞ C 处理，各个时期，各个处理间并无差异显著性。可见，亏缺灌溉对杧果果实淀粉含量影响不大。

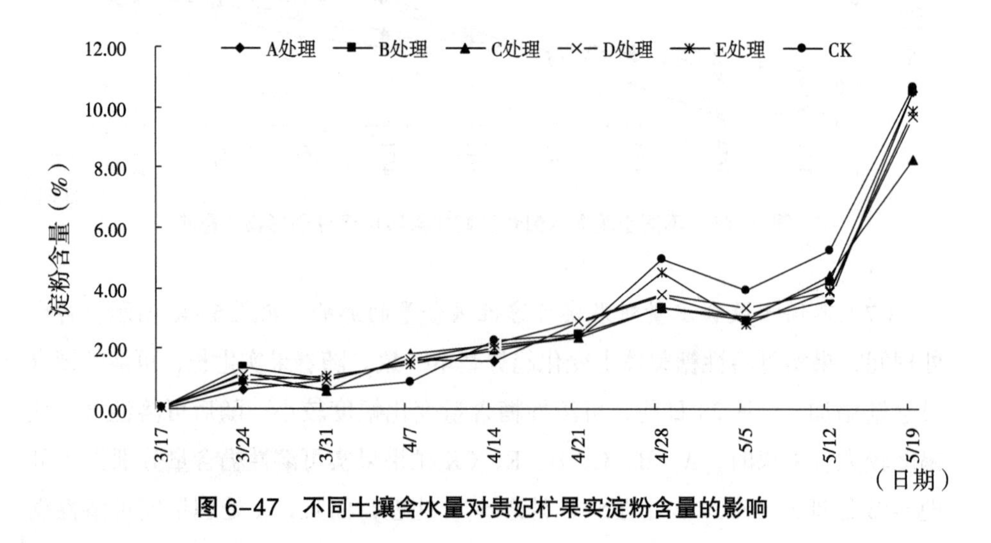

图 6-47　不同土壤含水量对贵妃杧果实淀粉含量的影响

（9）不同土壤含水量对果实可滴定酸含量的影响　如图 6-48 所示，各个处理间，果实可滴定酸含量变化趋势大致相同，随着果实的生长发育，可滴定酸先增加，4 月 14 日达到高峰，随后逐渐降低。各个时期，各个处理间的差距有所差别。3 月 24 日，D 处理与 E 处理，可滴定酸差异显著，4 月 21 日，对照处理与 A 处理可滴定酸差异显著；5 月 5 日，E 处理与 C 处理可滴定酸差异显著。可见不同时间，不同处理，果实可滴定酸是随时变化的，同时它们之间差异也是变化的。可是，采收时，它们之间的差距较小。采摘时，A、B、C、D、E、CK 杧果果实可滴定酸含量分别为 D 处理＞ A 处理＞ B 处理＞ E 处理＞ CK ＞ C 处理，与对照相比，A、B、C、D、E 各个处理增长幅度分别为：11.43%、9.63%、-7.37%、18.20%、4.80%。各个处理间并无差异显著性。

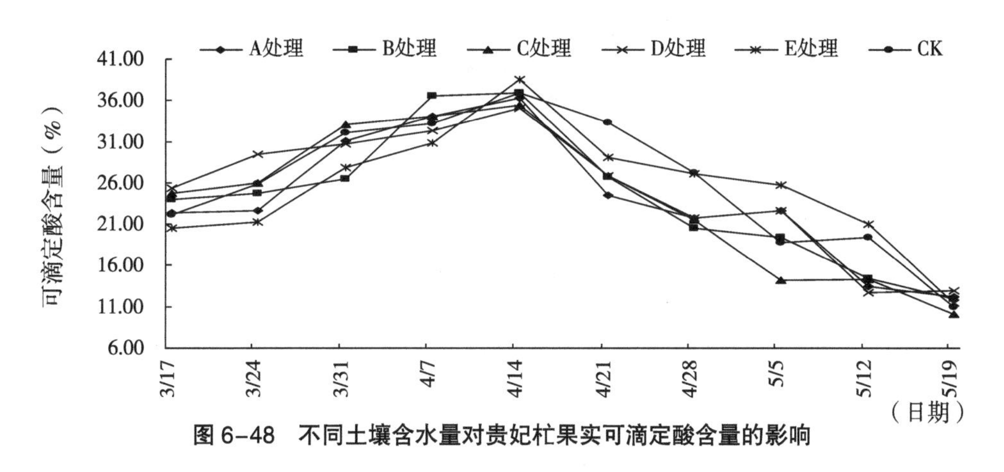

图 6-48　不同土壤含水量对贵妃杧果实可滴定酸含量的影响

（10）不同土壤含水量对果实维生素 C 含量的影响　如图 6-49 所示，各个处理间，杧果果实维生素 C 含量变化趋势基本一致，随着果实的生长，果实中维生素 C 含量逐渐增加，随后逐渐降低。但是各个处理出现峰值的时间不同，A 处理、D 处理、E 处理、CK 的峰值出现在 3 月 24 日，而 B 处理、C 处理它们的峰值推后，在 3 月 31 日。3 月 17 日，除了 B 处理、E 处理、CK 三者无差异显著性外，其他各个处理差异极显著。3 月 24 日，A 处理与 D 处理无差异显著性，B 处理、D 处理、E 处理、CK 无差异显著性，其他处理之间差异显著；A 处理、D 处理、E 处理、CK 无极显著差异，B 处理、D 处理、E 处理、CK 无极显著差异，B 处理、C 处理无极显著差异，其他处理间差异极显著。3

月31日，B处理、C处理无极显著差异，D处理、CK无显著性差异，A处理、D处理、E处理无显著性差异，其他处理间差异极显著。采摘时，A、B、C、D和E对照各个处理杧果果实维生素C含量：C处理＞A处理＞E处理＞CK＞B处理＞D处理，与CK相比，A、B、C、D、E各个处理增长幅度分别为：7.34%、-7.71%、19.99%、-20.16%和3.10%。各个处理间并无差异显著性。

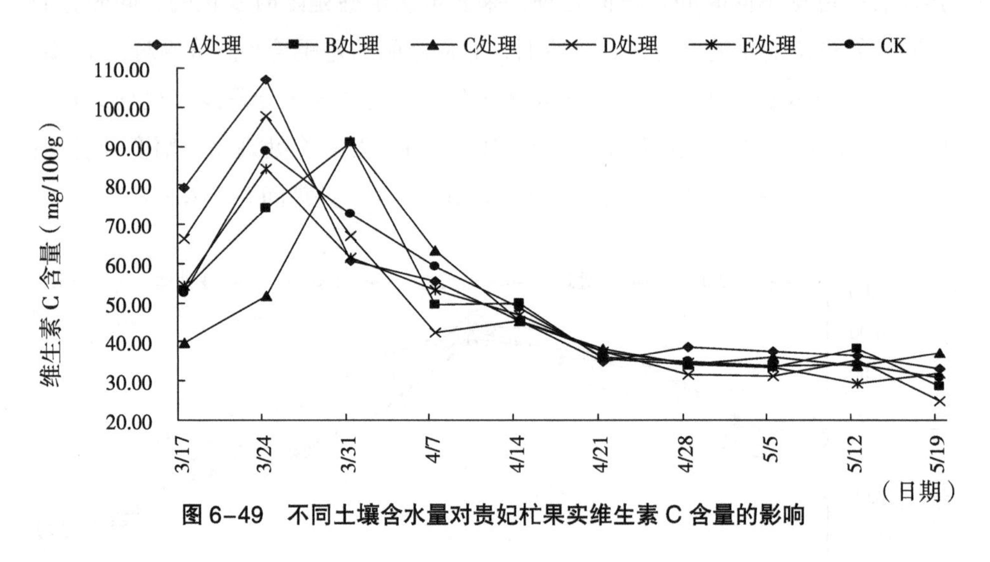

图6-49　不同土壤含水量对贵妃杧果实维生素C含量的影响

（11）不同土壤含水量对果实可溶性蛋白含量的影响　如图6-50所示，

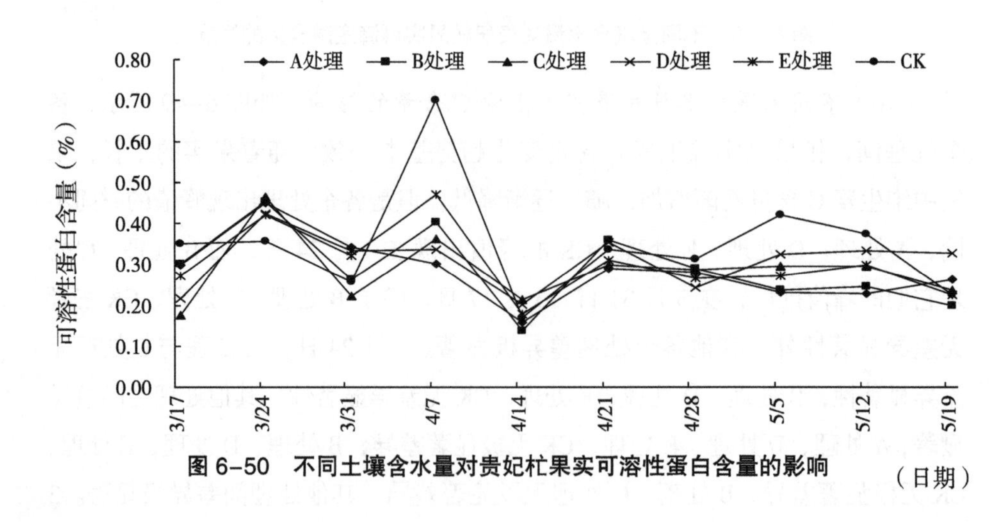

图6-50　不同土壤含水量对贵妃杧果实可溶性蛋白含量的影响

各处理间，果实可溶性蛋白变化趋势基本一致，前期果实呈“M”形变化，4月14日以后，可溶性蛋白含量增加，随后变化趋于平缓。4月7日，A处理、B处理、C处理、D处理、E处理与CK差异极显著。5月5日，对照处理与A处理差异显著。采摘时，A、B、C、D、E和CK杧果果实可溶性蛋白含量：D处理＞A处理＞C处理＞E处理＞CK＞B处理，各个处理间并无差异显著性。其他时期，各个处理并无差异显著性。

6. 不同土壤含水量对叶片解剖结构的影响

（1）不同土壤含水量对叶片厚度的影响　如图6-51所示，随着叶片生长，叶片厚度逐渐增加。CK新叶、幼叶期的叶片厚度大于其他处理，但中龄叶、成熟叶后叶片厚度增加减缓。新叶时期，C处理、E处理与CK叶片厚度差异显著，其他处理间无差异显著性。幼叶期，CK与其他处理间差异显著，CK与B处理差异达到了极显著。中龄叶时期，A、B处理与C、D、E处理之间，叶片厚度达到差异显著水平。成熟时期，C处理与A、D、E处理叶片厚度达到差异显著水平；CK与C处理达到差异显著水平，与其他处理达到极显著水平。与CK相比，A、B、C、D和E各处理的成龄叶的叶片厚度增加的幅度分别为25.63%、22.57%、15.28%、26.52%和25.78%。可见新叶及幼叶期叶片对水分缺乏更加敏感。

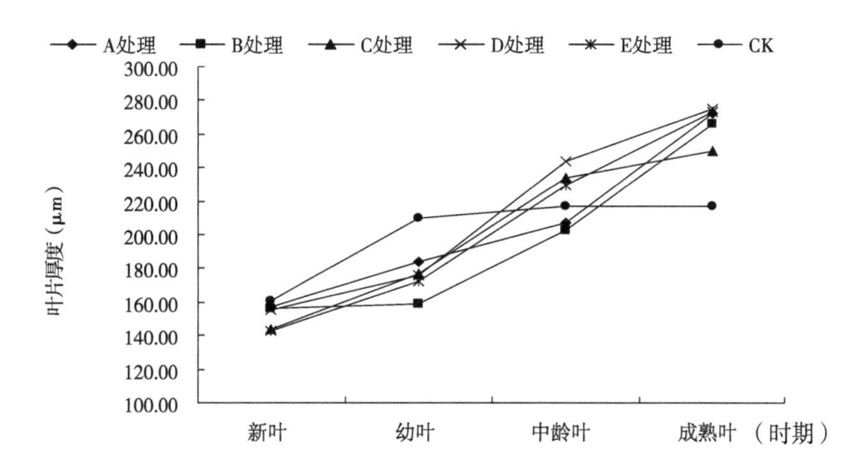

图6-51　不同土壤含水量对不同时期贵妃杧叶片厚度的影响

（2）不同土壤含水量对叶片栅栏组织厚度的影响　如图 6–52 所示，随着叶片生长，叶片栅栏组织厚度逐渐增加，新叶至中龄叶期，各处理的叶片栅栏组织短而宽，排列紧密；成熟叶，B 处理至 E 处理，栅栏组织细而长，排列疏松，A 处理、CK 相对短而宽，排列紧密。新叶、幼叶期，CK 叶片栅栏组织厚度大于其他处理，中龄叶、成熟叶，CK 处理叶片厚度增加缓慢甚至有小幅下降。幼叶时期，对照处理与其他处理叶片栅栏组织厚度差异显著。中龄叶时，B 处理与 C、D 处理叶片栅栏组织厚度差异显著。叶片成熟时，各个处理间差距增大，B、E、D 处理与 C 处理之间差异达到显著水平，与处理 A、CK 的栅栏组织厚度达到差异极显著水平。与 CK 相比，A、B、C、D、E 各处理成龄叶的栅栏组织增加厚度分别为 9.76%、57.44%、30.10%、46.63% 和 54.53%。

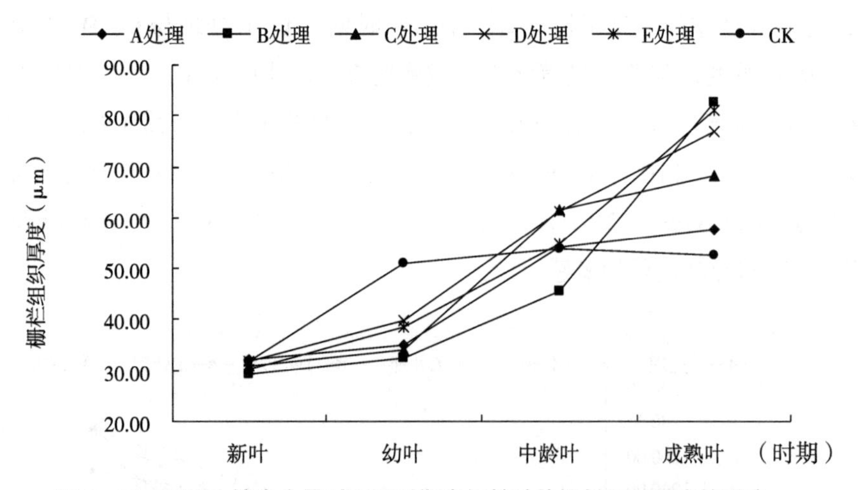

图 6–52　不同土壤含水量对不同时期贵妃杧叶片栅栏组织厚度的影响

（3）不同土壤含水量对叶片海绵组织厚度的影响　如图 6–53 所示，随着叶片生长，海绵组织厚度逐渐增加，组织细胞逐渐变大。新叶期，各个处理海绵组织细胞排列紧密，E 和对照处理海绵组织细胞较小。幼叶期，A 处理和对照处理海绵组织细胞排列比较疏松，而 B 至 E 处理排列紧密。成熟叶片，处理 A、B、D 及 CK 叶片海绵组织排列比 C、E 处理海绵组织排列紧密。中龄叶以前，A 处理、CK 的海绵组织几乎成直线增加，中龄叶以后，海绵组织增长变缓，而A处理增加幅度大于其他处理。幼叶时期，CK叶片海绵组织大于其他处理。新叶时期，C、E处理叶片海绵组织厚度与处理A、B及CK的海绵组织厚度差异显著。幼叶时期，B、C、D、E处理海绵组织厚度与CK处理差异极显著，同A处理海绵组织厚度差异显著。中龄叶时期，D处理同A、B处理及CK的海绵组织厚度差异显著。成熟时期，对照处理与D、E处理海绵组织厚度差异显著，同A处理海绵组织厚度差异极显著，A处理同B、C处理海绵组织厚度差异显著。成熟时期，同CK相比，A、B、C、D、E各处理叶片海绵组织增加的厚度分别为37.50%、12.61%、15.58%、23、37%和21.49%。

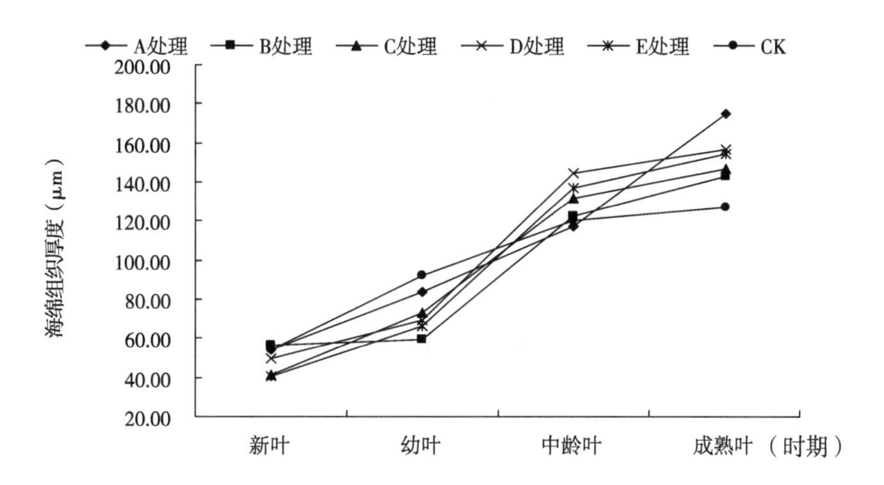

图6-53　不同土壤含水量对不同时期贵妃杧叶片海绵组织厚度的影响

（4）不同土壤含水量对叶片上表皮及上角质层厚度的影响　如图6-54所示，随着叶片的生长，A处理叶片上表皮及上角质层厚度逐渐降低，B处理叶片上表皮及上角质层厚度成“N”形变化，处理C、E及CK的叶片上表皮及上角质层厚度先升高后降低，它们的高峰期分别是：中龄叶、幼叶。D处理叶片上表皮及上角质层厚度逐渐增加。各个时期，各处理之间无差异显著性。新叶及幼叶期，A、B处理上表皮外有蜡质覆盖，幼叶期，C处理有蜡质覆盖。叶片成熟时，与对照相比，A、B、D叶片上表皮及上角质层厚度增加幅度分别为：0.93%、7.65%和14.34%。

（5）不同土壤含水量对叶片下表皮及下角质层厚度的影响　如图6-55所

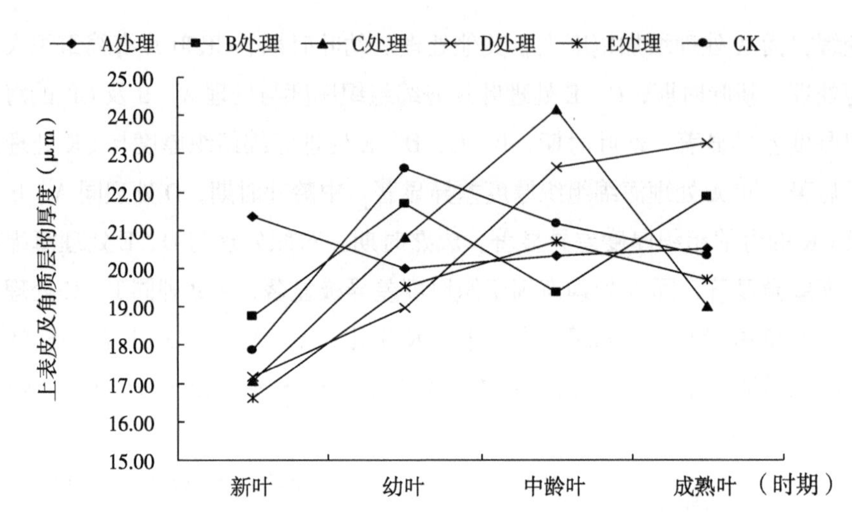

图 6-54　不同土壤含水量对不同时期贵妃杧叶片上表皮及上角质层厚度的影响

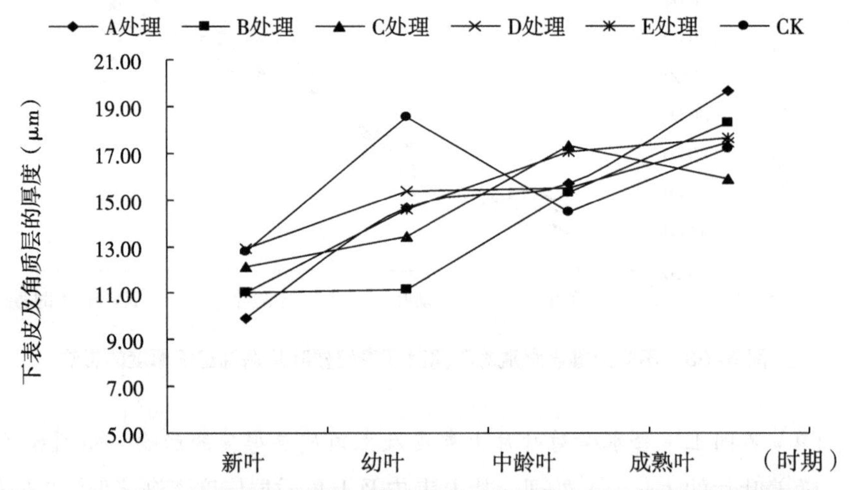

图 6-55　不同土壤含水量对不同时期贵妃杧叶片下表皮及下角质层厚度的影响

示，随着叶片生长，A、B、D、E 各处理的叶片下表皮及下角质层厚度逐渐增加，对照处理叶片下表皮及下角质层厚度呈“N”形变化，C 处理叶片下表皮及下角质层厚度先增加后期有小幅下降。新叶、幼叶时期，CK 叶片下表皮及下角质层厚度大于其他处理，但差异不显著。新叶及幼叶期，各处理下表皮上都有一层紧密组织，随着叶片的生长，逐渐消失。新叶期，CK 的紧密组织最厚。新叶中下表皮细胞大小相当，成熟叶上表皮比下表皮厚。当叶片成熟时，与CK相比，A、B、D、E各处理的叶片增加的幅度分别为：14.04%、6.07%、1.33%和2.63%。

（6）不同土壤含水量对叶片CTR的影响　如图6-56所示，随着叶片的生长，A处理叶片组织结构紧密度呈直线下降，其他处理叶片组织结构紧密度呈“V”形变化。各个时期各个处理之间无差异显著性。成熟叶片，与CK相比，B、C、D、E各个处理CTR增长幅度分别为：24.23%、9.13%、12.07%和18.76%。

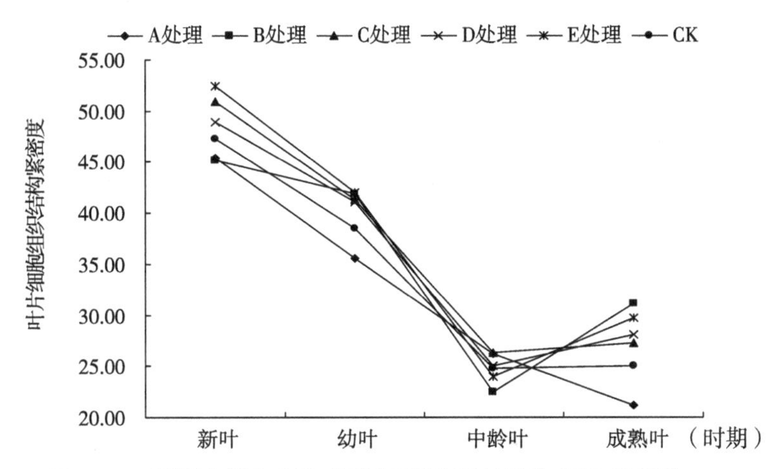

图6-56　不同土壤含水量对不同时期贵妃杧叶片CTR的影响

（7）不同土壤含水量对叶片SR的影响　如图6-57所示，随着叶片的生

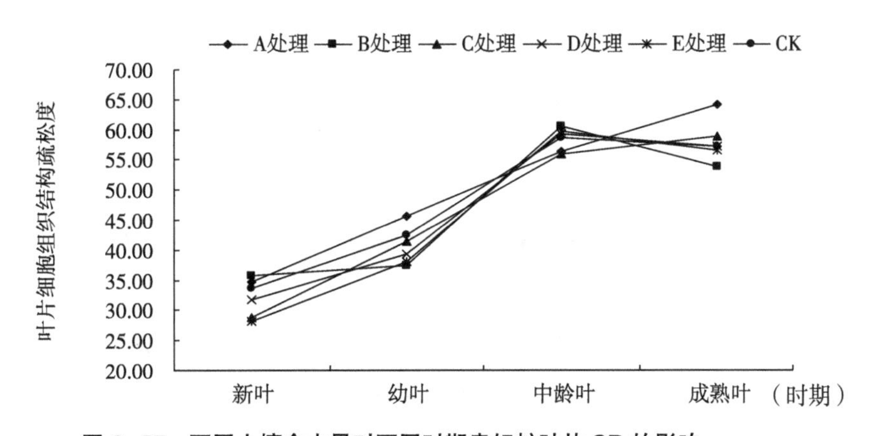

图6-57　不同土壤含水量对不同时期贵妃杧叶片SR的影响

长，A 处理叶片组织结构疏松度呈直线上升，其他处理叶片组织结构疏松度先升高后降低。各个时期各处理之间无差异显著性。成熟叶片，与 CK 相比，A、C 和 D 各个处理 SR 增长幅度分别为：12.31%、2.89% 和 0.08%。

（8）不同土壤含水量对贵妃杧叶片相对含水量的影响　如图 6-58 所示，B、CK 处理叶片相对含水量的变化趋势基本一致，叶片相对含水量先升高后降低随后升高，最后变化幅度较小。而 C、D 处理叶片相对含水量的变化趋势基本一致，叶片相对含水量先升高后降低随后升高，后期叶片相对含水量变化幅度更加趋于平缓相对于其他处理。但 A 处理、E 处理叶片相对含水量的变化幅度较大。在整个果实发生长期内，各处理叶片相对含水量的最低值出现在 3 月 31 日，分别为 88.02%、91.81%、87.27%、88.66%、87.34% 和 90.28%，而叶片相对含水量最高值却不在同一时间。叶片相对含水量并不是随着灌水量的增加而增加，如 5 月 5 日，充分灌溉的 A 处理叶片相对含水量却低于其他处理。D 处理在整个果实生长中，叶片相对含水量处于中间水平。可见 D 处理是最佳处理。

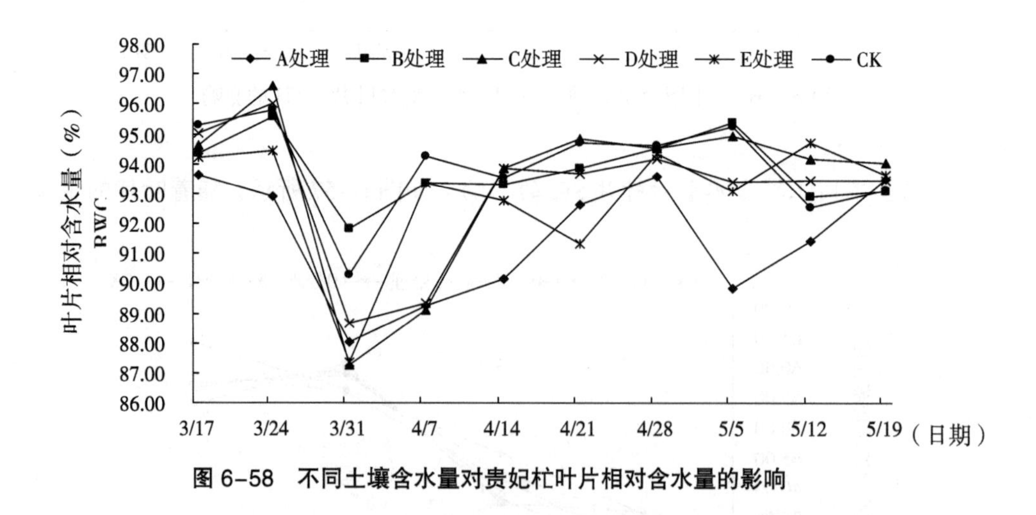

图 6-58　不同土壤含水量对贵妃杧叶片相对含水量的影响

（9）不同土壤含水量对贵妃杧叶片叶绿素 a 含量的影响　如图 6-59 可知，4 月 7 日以前，D 处理叶片中叶绿素 a 含量逐渐增加，随后叶绿素 a 含量变化趋于平缓。而其他处理叶片中叶绿素 a 含量呈波浪式变化。4 月 14 日以后，A、C、CK 处理叶绿素 a 含量高于 B、D、E 处理叶绿素 a 含量。5 月 12 日，C 处理叶绿素 a 含量与 B 处理、D 处理、E 处理叶绿素 a 含量差异显著，同其他处理之间无差异显著性。其他时间，各处理间叶绿素 a 含量无差异显著性。可见，D 处理杧果叶片叶绿素 a 含量相对比较稳定。

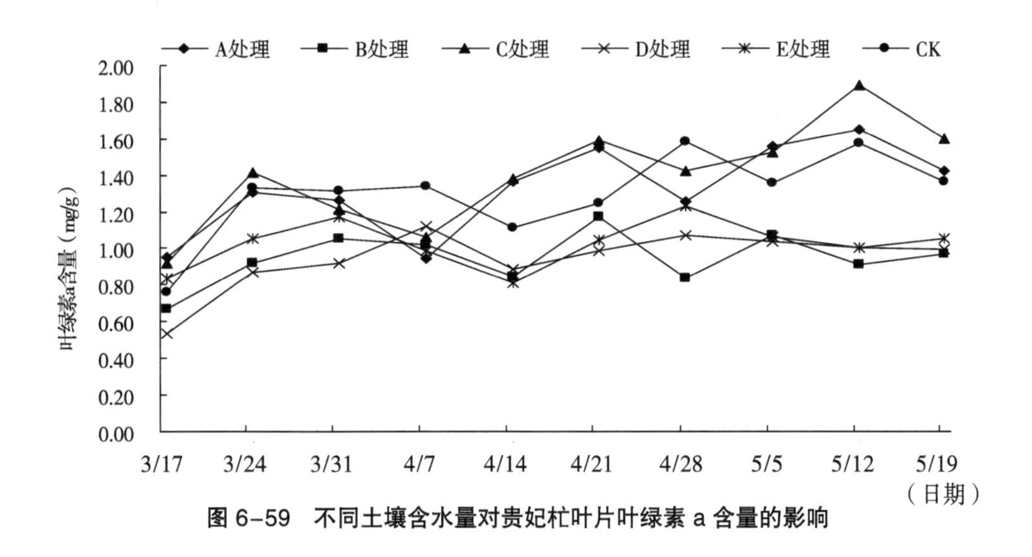

图 6-59　不同土壤含水量对贵妃杧叶片叶绿素 a 含量的影响

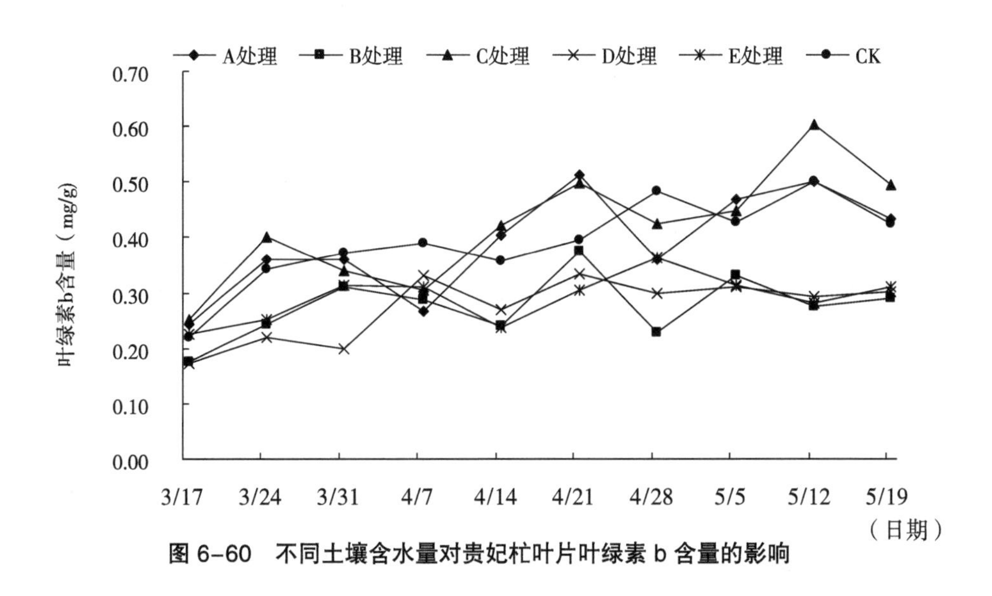

图 6-60　不同土壤含水量对贵妃杧叶片叶绿素 b 含量的影响

（10）不同土壤含水量对贵妃杧叶片叶绿素 b 含量的影响　如图 6-60 可知，CK 叶片中叶绿素 b 含量整体是逐渐增加的趋势。D、E 处理叶片中叶绿素 b 含量，4 月 7 日之前逐渐增加，以后变化趋于平缓。A、B、C 处理叶片叶绿素 b 含量变化趋势基本一致。4 月 14 日以后，A、C、CK 处理叶绿素 b 含量高于 B、D、E 处理叶绿素 b 含量。5 月 12 日，C 处理叶绿素 b 含量与 B、D、E 处理叶绿素 b 含量差异显著，同其他处理之间无差异显著性。其他时间，各处理间叶绿素 b 含量无差异显著性。可见，D、E 处理杧果叶片叶绿素 b 含量相对比较稳定。

（11）不同土壤含水量对贵妃杧叶片总叶绿素含量的影响　如图 6-61 可知，在 4 月 7 日之前，D 处理叶片中的叶绿素含量逐渐增加，随后变化趋于平缓。C 处理叶绿素含量整体上呈增加趋势。A、E、CK 的变化趋势基本一致。4 月 14 日以后，处理 A、C 及 CK 的叶绿素含量高于处理 B、D、E。5 月 12 日，C 处理叶绿素含量与 B、D、E 处理叶绿素含量差异显著，同其他处理之间无差异显著性。其他时间，各处理间叶绿素含量无差异显著性。可见适时适量的亏缺灌溉有利于促进叶绿素的合成，提高叶绿素含量。

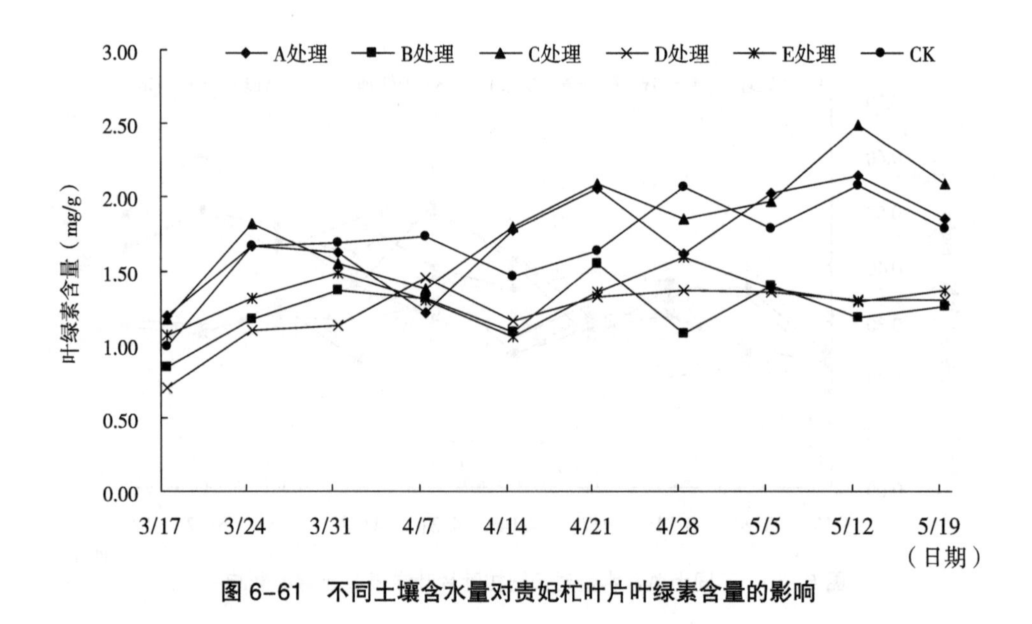

图 6-61　不同土壤含水量对贵妃杧叶片叶绿素含量的影响

（12）不同土壤含水量对贵妃杧叶片长度、宽度及叶形指数的影响　如图6-62所示，杧果叶片长度生长规律先逐渐增加，而后趋于稳定。叶片长度趋于稳定后，叶片长度：C处理＞A处理＞E处理＞CK＞B处理＞D处理。同时，B、D处理叶片长度同A、C处理叶片长度差异显著，同其他处理无差异显著性。从图6-63可知，与CK相比，A、C、E处理成熟叶片增长幅度分别为29.46%、31.31%和19.77%，而B、D叶片长度却小于对照。可见，充分灌溉增长幅度并不是最大，合理的灌溉有利于叶片生长。

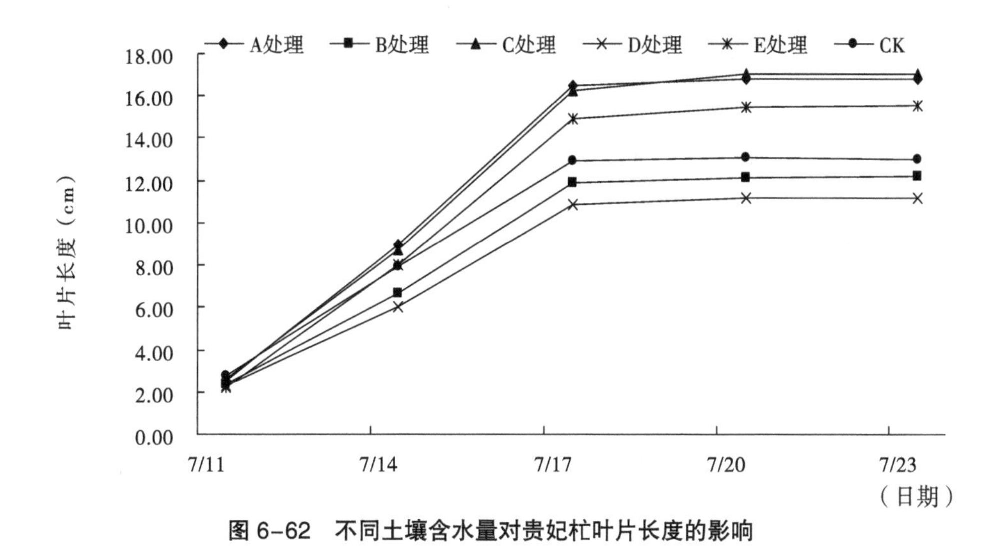

图6-62　不同土壤含水量对贵妃杧叶片长度的影响

如图6-63所示，杧果叶片宽度生长与叶片长度生长类似，先逐渐增加，而后趋于稳定。叶片宽度趋于稳定后，叶片宽度：A处理＞C处理＞E处理＞CK＞B处理＞D处理。A、C处理叶片宽度差异显著高于B处理叶片宽度，同其他处理无差异显著性。D处理叶片宽度同A处理、C处理、E处理叶片宽度差异显著，同其他处理无差异显著性。A处理、C处理、E处理、CK之间无差异显著性。从图6-64可知，与对照相比，A、C、E处理成熟叶片增长幅度分别为35.80%、35.80%和21.81%，而B、D叶片宽度却小于对照。可见，合理的亏缺灌溉有利于叶片宽度的生长。

如图6-64可知，随着叶片生长发育，叶形指数逐渐减小，最后趋于稳

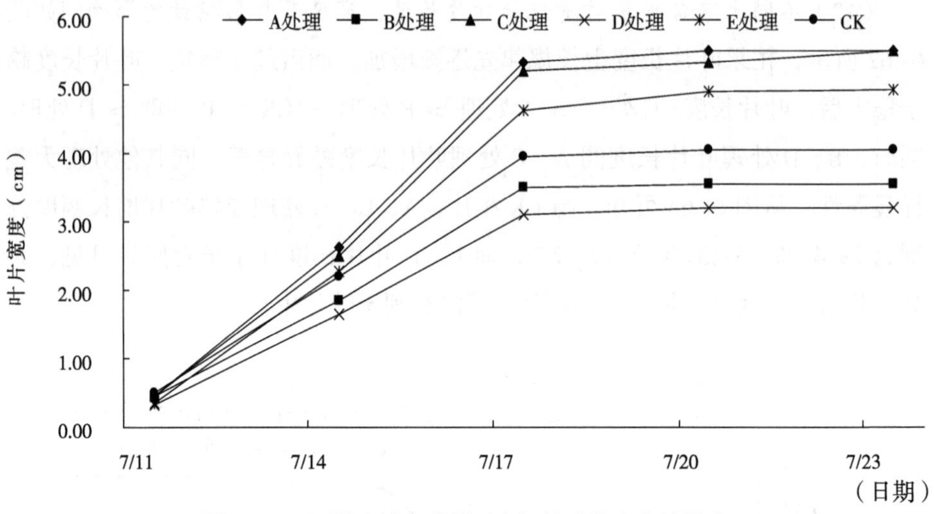

图 6-63　不同土壤含水量对贵妃杧叶片宽度的影响

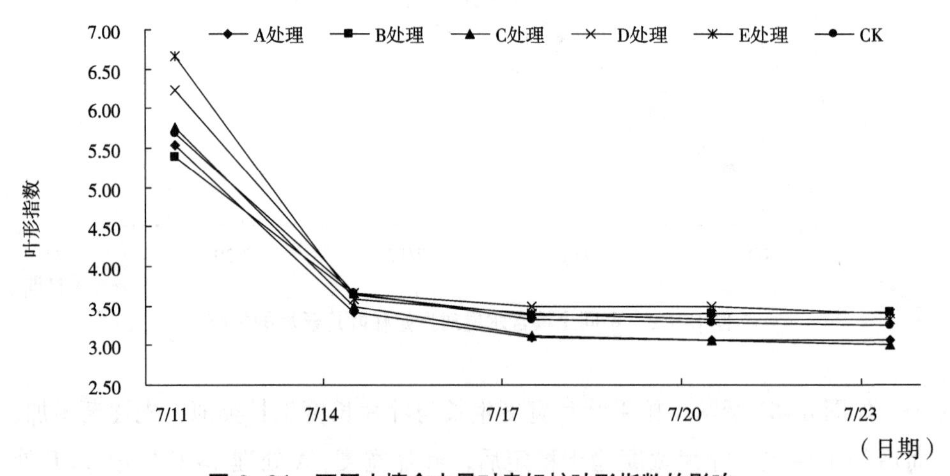

图 6-64　不同土壤含水量对贵妃杧叶形指数的影响

定，叶片大小基本不变。新叶时，叶形指数的大小变化是：E 处理＞ D 处理＞ C 处理＞ CK ＞ A 处理＞ B 处理，叶片大小稳定后，叶形指数大小的变化是：B 处理＞ D 处理＞ E 处理＞ CK ＞ A 处理＞ C 处理。新叶时，E 处理叶形指数显著高于 A、B 处理，其他处理间叶形指数差异不显著。

7. 不同土壤含水量对杧果结果情况的影响

如图 6-65 和图 6-66 所示，不同处理对果实单产影响有所不同，A 处理平均单产最高，但平均单果重却最小，对照处理的平均单产最低，可是平均单果重最大。对照处理平均单产显著低于A、B、D处理，亏缺处理与充分灌溉无显著性差异。对照处理平均单果重极显著大于A、B、C和E处理，显著大于D处理，亏缺处理与充分灌溉无显著性差异。与对照相比，A~E各个处理平均单产增加的幅度分别为：60.60%、58.97%、20.62%、47.73%和15.38%；A~E各个处理平均单果重降低的幅度分别为：24.15%、23.33%、19.79%、12.87%和19.06%。同时D、E处理灌水总量小于A~C处理，而且D、E处理水分利用率极显著大于A~C处理（表6-1）。可见充分灌溉增加产量，单果重却降低，但是水分利用率却低于亏缺灌溉。

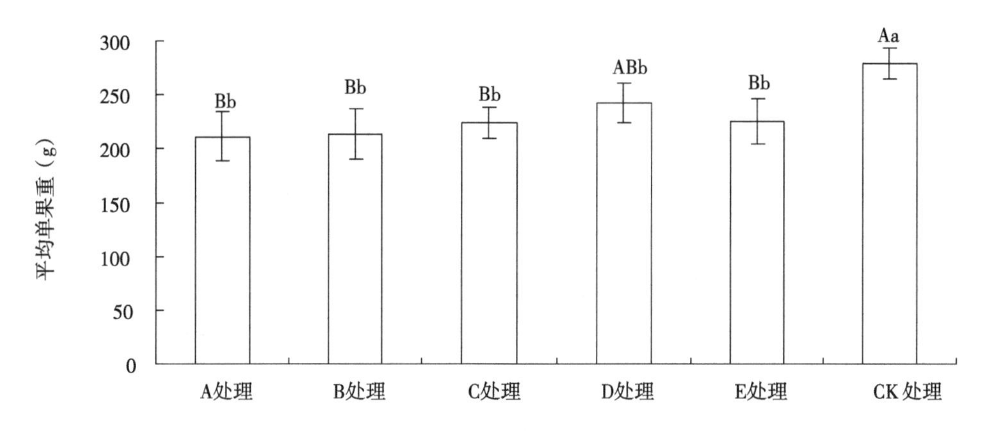

图6-65　不同土壤含水量对贵妃杧平均单果重的影响

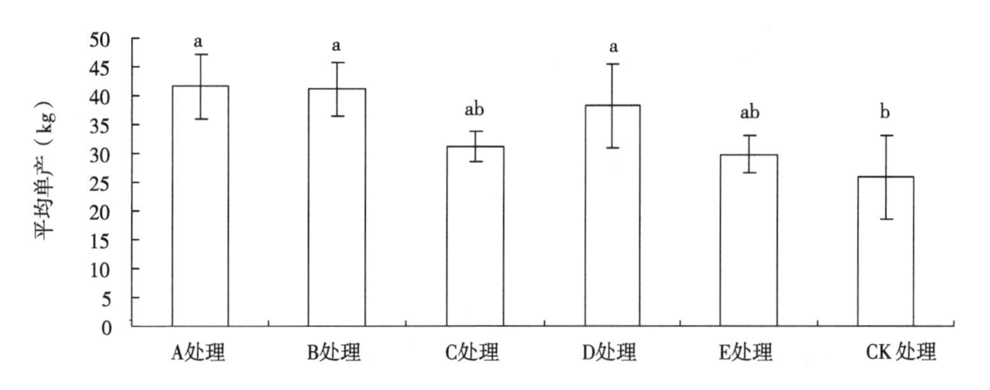

图6-66　不同土壤含水量对贵妃杧平均单产的影响

表 6-1　各个处理灌水量总量及水分利用率

处理	总灌水量（m^3）	水分利用率（kg/m^3）
A	14.65	14.19Bb
B	12.3	16.72Bb
C	8.26	18.90Bb
D	6.5	29.41Aa
E	5.4	27.65Aa
CK	—	—

注：表中大写字母表示差异达到显著水平（P ≤ 0.01）；小写字母表示差异达到极显著水平（P ≤ 0.05）。下同

8. 灌溉方式

（1）*主栽品种的推荐灌溉方式*　在已获得的主栽杧果品种树体水分变化与需求规律的基础上，通过对比研究和总结，贵妃杧的推荐灌溉方式是：灌水方式采取微喷灌，灌水量以每次 41L/ 株（成龄树）为宜，灌水次数根据物候期、天气及树相综合确定，推荐次数是：7—10 月建议每周灌水 1 次，11—12 月建议每月灌水 3 次，1 月每月灌水 2 次即可，2 月可比 1 月适当多灌 1 次，3—4 月建议每周灌水 1 次，5 月果实采收前适当减少灌水次数及单次灌水量，6 月采果回缩后及时灌水 1 次，以利顺利萌芽和抽枝，该月建议灌水 3 次。每天中的灌水时间建议选择在 9:00 前完成或 17:00 以后进行。

台农杧的推荐灌溉方式是：灌水方式以微喷灌、灌水量以每次 65L/ 株（成龄树）为宜，灌水次数根据物候期、天气及树相综合确定，推荐次数是：7—10 月建议每周灌水 1 次，11—12 月建议每月灌水 3 次，1—3 月每月灌水 2 次即可，4 月建议保证该月有 3 次灌水，5 月果实采收前可将灌水次数减少并适当降低单次灌水量，6 月采果回缩后及时灌水 1 次，并保证该月有 3 次灌水，以利顺利萌芽和抽枝。具体每天中的灌水时间建议选择在 9:00 前完成或 17:00 以后进行。

（2）*适合不同立地条件的推荐灌溉方式*　在不同的果园立地条件下，配合不同的灌溉方式（微喷灌、漫灌），分析了海南省杧果主栽品种“台农”与“贵妃”在树体（叶片）水分变化、果实的纵横径变化、果实生理指标方面的

变化及水资源的利用情况。结果表明，采用微喷灌不仅能获得较高的产量和较好的质量，还相对明显节约水资源，但建设成本较高。初步认为微喷灌法且进行树盘覆盖较为理想。

9. 精准用水量

（1）*不同灌溉方式与不同立地条件的精准用水量*　在以往的研究中，一直以探索精确地灌水量为目标，在研究中也确实获得了一些地块的精确用水量，但在后期的推广中发现这些灌水量有其局限性，在其他地块所获得的效果不如原来小面积研究地块。因此，后期的研究调整为以田间持水量作为灌溉的依据及标准，这也显得更为科学，且更具广泛的应用性。

因此，在已获得的主栽杧果品种树体水分变化与需求规律、主栽品种不同季节与不同物候期需水规律、主栽品种不同果园耕作方式对水分的需求量、主栽品种的推荐灌溉方式及适合不同果园立地条件的推荐灌溉方式的基础上，以田间持水量为标准，进一步进行了不同灌溉方式与不同立地条件的精准用水量的探索。在综合前期研究的基础上，结合本年度的果实产量、果实数量、果个大小及直接影响果实及树体生长发育的叶片解剖结构的综合探索，研究结果表明，在果实生长前期，以保持田间持水量的55%~60%比较合适，果实快速膨大期则以保持在65%~70%比较合适，果实生长后期则以保持在55%~60%比较合适。

（2）*主栽品种的水分精准管理方式*　在不同的果园立地条件下，配合不同的灌溉方式（微喷灌、漫灌），分析了海南省杧果主栽品种“台农”与“贵妃”在树体（叶片）水分变化、果实的纵横径变化、果实生理指标方面的变化及水资源的利用情况。结果表明，采用微喷灌不仅能获得较高的产量和较好的质量，还相对明显节约水资源，但建设成本较高。

果园土壤管理是整个果园管理中非常重要的内容，但近年来果园管理方式的选择逐渐被忽视或遗忘。海南省地处热带地区，年降雨频繁、量大且分布不均，极易带来雨水冲刷而导致水土流失、肥效降低及旱害或涝害的发生，造成了诸多隐形损失。通过测定海南杧果主栽品种贵妃杧与台农杧在清耕、覆草及自然生草条件下的树体（叶片）水分、果实纵横径及果实生理指标变化，结果表明，覆草处理可以较明显地提高叶片的相对含水量和果实可溶性固形物含量，更有利于促进果实生长后期的膨大，提高单果重与产量，并可减少灌水。

主要是因为覆草处理在一定程度上缓解了杧果根系集中分布区土壤湿度的变化幅度，在高温季节降低了地面温度，减少了水土冲刷，覆盖物腐烂后还可增加土壤有机质，进而促进果树的生长发育。

在结合灌溉方式探索的基础上，初步认为微喷灌法且进行树盘覆盖较为理想。

10. 水肥一体化对杧果果实的影响

在对杧果水分精准灌溉及杧果肥料需求研究之后，继续杧果水肥管理技术的大田试验，并对杧果水肥技术进行修正，提出一套水肥管理体系。本年度分为 3 个处理水平：水肥一体化（简称 A）；土施（简称 B）；CK，其研究结果如下：

（1）不同水肥管理对杧果单株产量及单果重的影响　如图 6-67 所示，在 3 个处理中，水肥一体化杧果单产最大，为 47.20 kg，比土施增加了 4.31kg；CK 单产最低，为 32.12kg；水肥一体化平均单产显著高于 CK，高于土施，但差异不显著。可是，果实平均单果重恰恰相反，CK 果实单果最大，水肥一体化单果重最小，但是各个处理之间差异不显著。可见，杧果产量增加不是通过增加单果重来增加产量，而是通过提高坐果率来增加杧果单株产量。本实验还有待进一步研究，增大水肥一体化中肥料浓度，能否增加水肥一体化单果重，从而再次增加杧果单株产量。

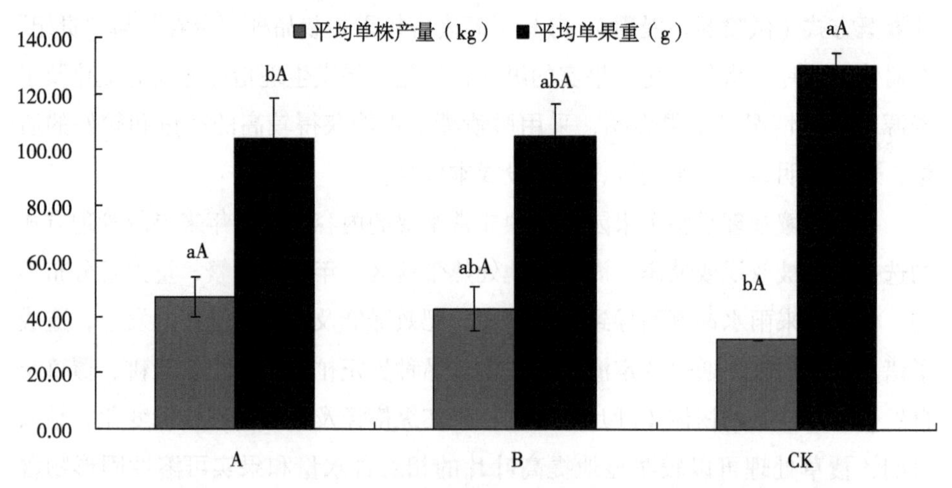

图 6-67　不同水肥管理对杧果单株产量及单果重的影响

（2）不同水肥管理对杧果采后果实品质影响　如图 6-68 所示，各个处理间，杧果果实可食率差异不显著。可食率最高是土施，为 84.68%，最低为 CK，为 82.68%。可见，不同水肥管理对杧果果实可食率影响不大。

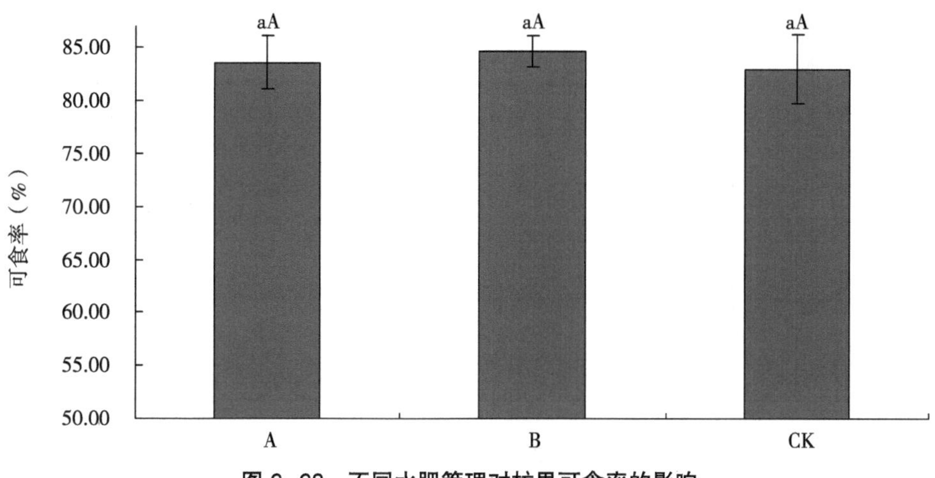

图 6-68　不同水肥管理对杧果可食率的影响

如图 6-69 所示，不同水肥管理之间，果实含水量差异不显著，但是水肥一体化处理，并未增加杧果果实含水量。果实含水量最高的为土施，为 85.34%；最低的为 CK，为 85.07%。可见，灌溉并一定就能增加果实含水量。

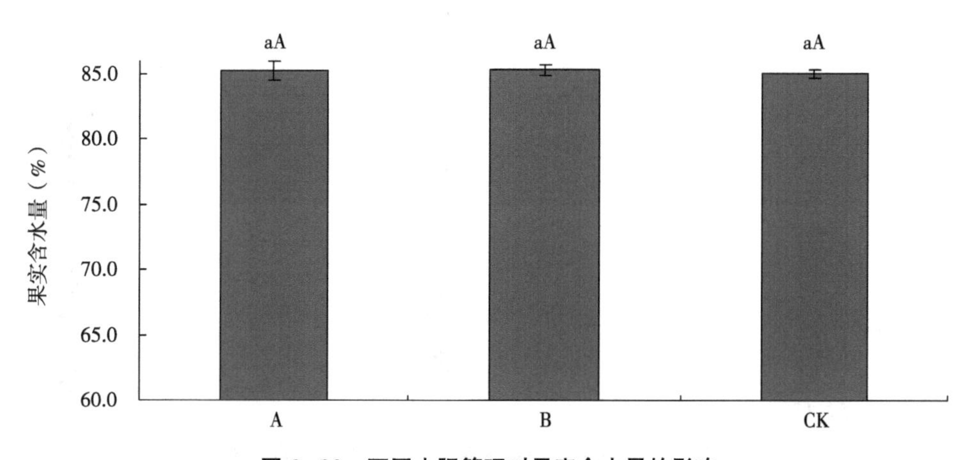

图 6-69　不同水肥管理对果实含水量的影响

从图 6-70 可以看出，各个处理间，杧果果实失水率差异不显著。失水量最多的是水肥一体化，为 11.86%，最低是 CK，为 11.83%，但是两者差异很小。可能是灌溉并未增加果实含水量，从而导致杧果果实失水率并不是很高。

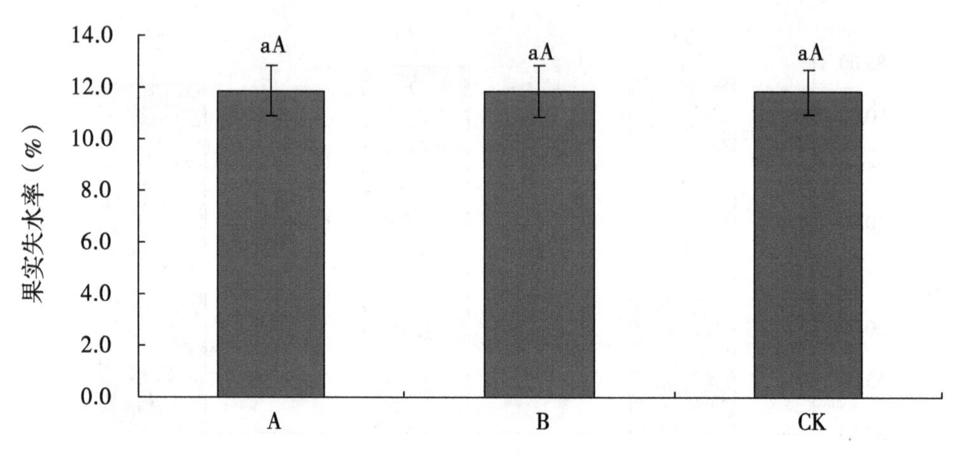

图 6-70　不同水肥管理对果实失水率影响

从图 6-71 可以看出，随着杧果果实逐渐后熟，杧果果实可溶性固形物逐渐增加。但各个时期，各个处理间，果实可溶性固形物并无显著性差异。采收时，水肥一体化处理可溶性固形物最高；随着果实后熟，水肥一体化处理果实可溶性固形物低于其他处理，而 CK 处理高于其他处理。

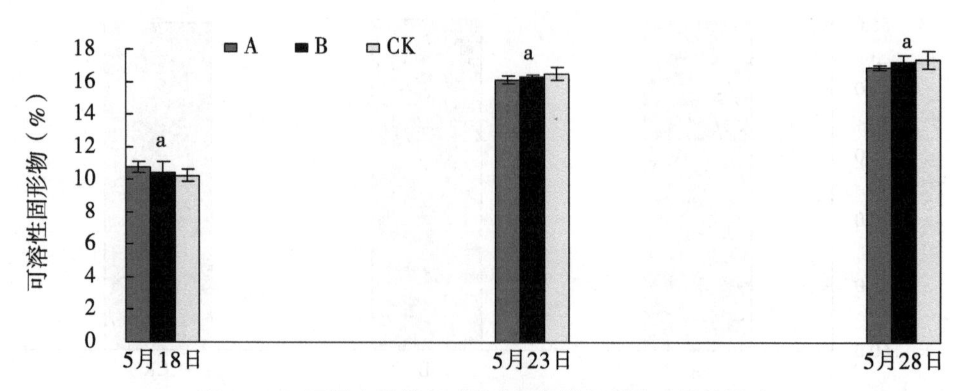

图 6-71　不同水肥管理对果实可溶性固形物含量的影响

如图 6-72 所示，随着果实后熟，可溶性糖含量逐渐增加。5 月 23 日，CK 与 A、B 差异显著；其他时期，各个处理之间无差异显著性。

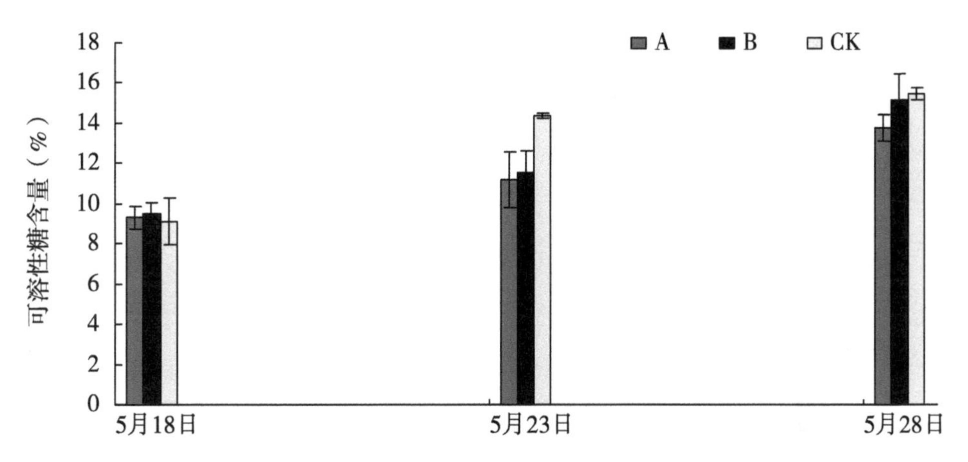

图 6-72　不同水肥管理对果实可溶性糖含量的影响

如图 6-73 所示，随着杧果果实后熟，维生素 C 含量逐渐降低。各个时期，各个处理间差异不显著。采收时，水肥一体化处理果实维生素 C 含量最高，果实完熟时却最低。

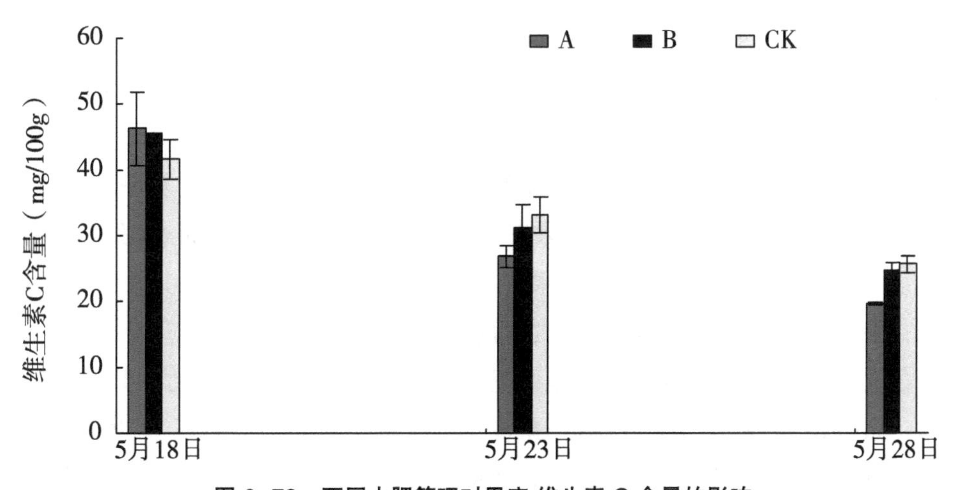

图 6-73　不同水肥管理对果实 维生素 C 含量的影响

如图 6-74 所示，随着杧果果实后熟，可滴定酸含量逐渐降低。采收时，水肥一体化处理果实可滴定酸含量最高，土施处理可滴定酸含量最低；果实完熟时，土施处理可滴定酸含量最高，CK 最低。同时，水肥一体化处理可滴定酸含量降幅最大。

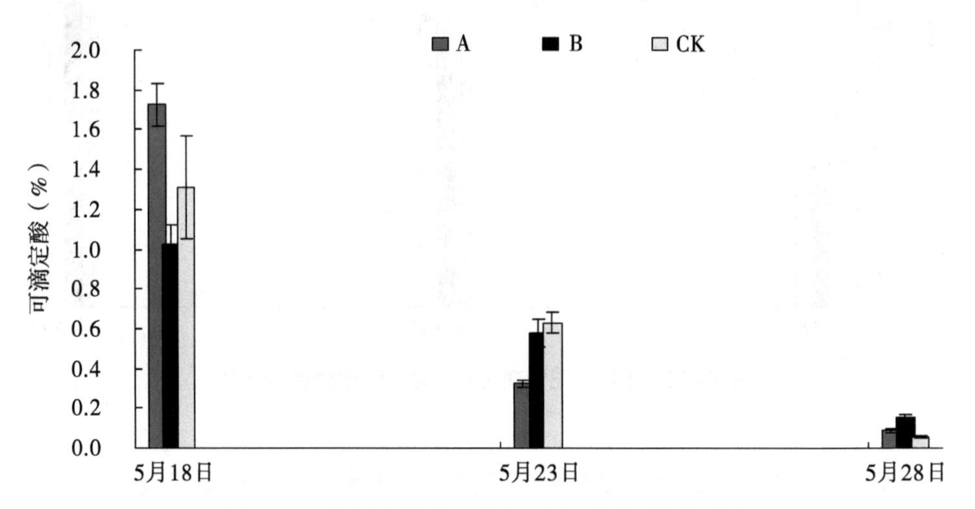

图 6-74　不同水肥管理对果实可滴定酸含量的影响

（3）不同水肥管理对采后杧果果皮色泽变化的影响　如图 6-75 所示，水肥一体化处理，果皮叶绿素含量逐渐下降，土施处理和 CK 处理果皮叶绿素含量先增加后降低。采收时，土施处理果皮叶绿素含量显著高于水肥一体化。果实完熟时，各个处理间叶绿素含量差异并不显著。

酚类物质对阻止病菌的入侵、定殖和扩展发挥着一定的作用。如图 6-76 所示，水肥一体化处理和土施处理果皮总酚含量先增加后降低，而 CK 处理总酚含量一直降低。采收时，CK 处理果皮总酚含量最高，土施处理果皮总酚含量最低；果实完熟时，CK 处理果皮总酚含量最低。各个时期，各个处理间，果皮总酚含量无差异显著性。可见，土施处理和水肥一体化处理有利于杧果果实贮藏。

如图 6-77 所示，各个处理，果皮类黄酮含量先升高后降低。采收时，水肥一体化处理果皮类黄酮含量最高，CK 最低；果实完熟时，水肥一体化处理最低，土施类黄酮含量最高。

如图 6-78 所示，各个处理，果皮花青素含量先升高后降低。采收时，土施处理果皮花青素含量最高，CK 最低；果实完熟时，水肥一体化处理最低，CK 花青素含量最高。

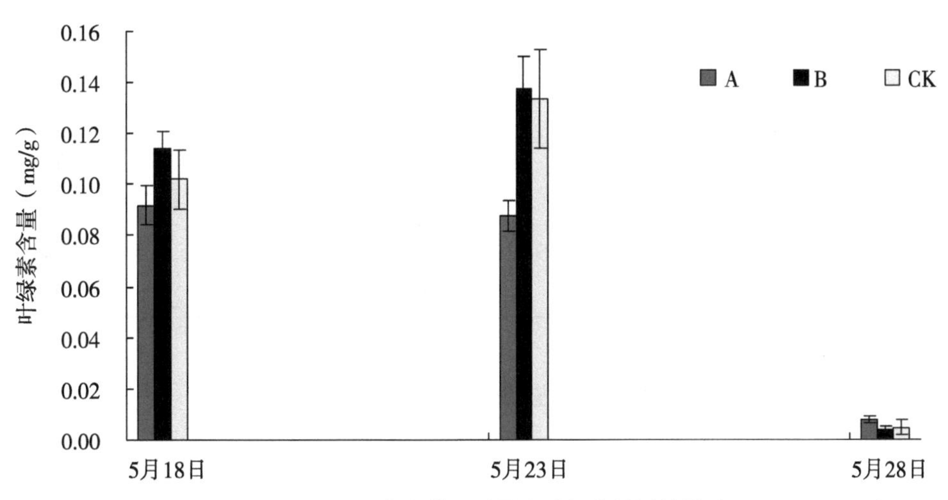

图 6-75　不同水肥管理对果皮叶绿素总量的影响

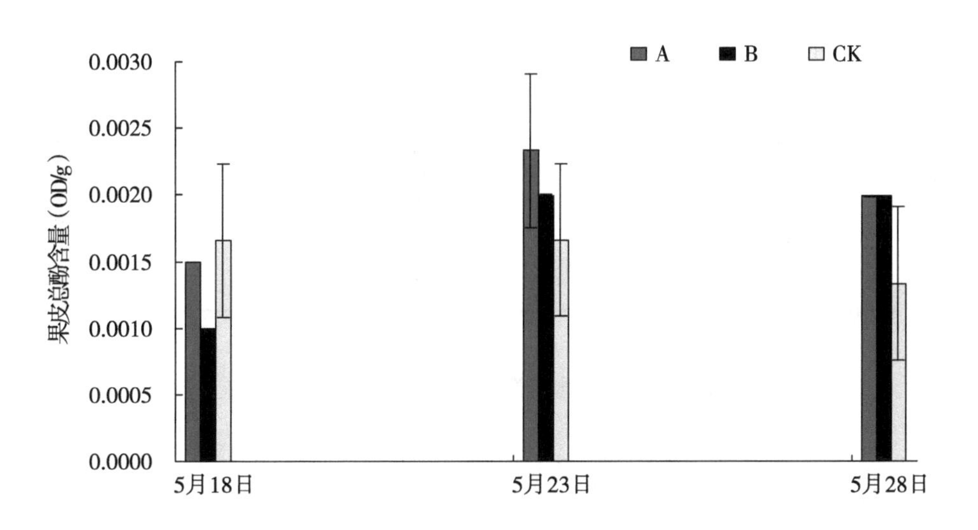

图 6-76　不同水肥管理对果皮总酚含量的影响

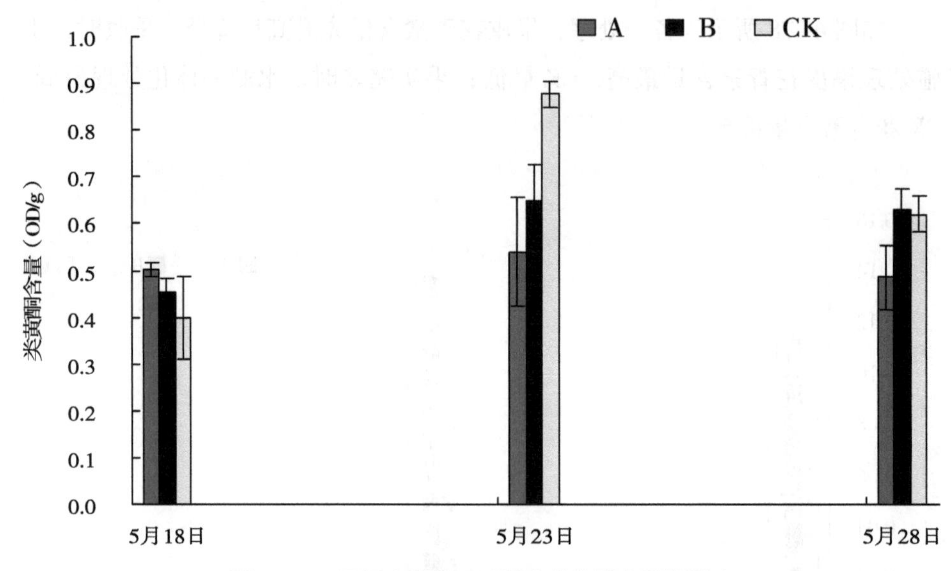

图 6-77　不同水肥管理对果皮类黄酮含量的影响

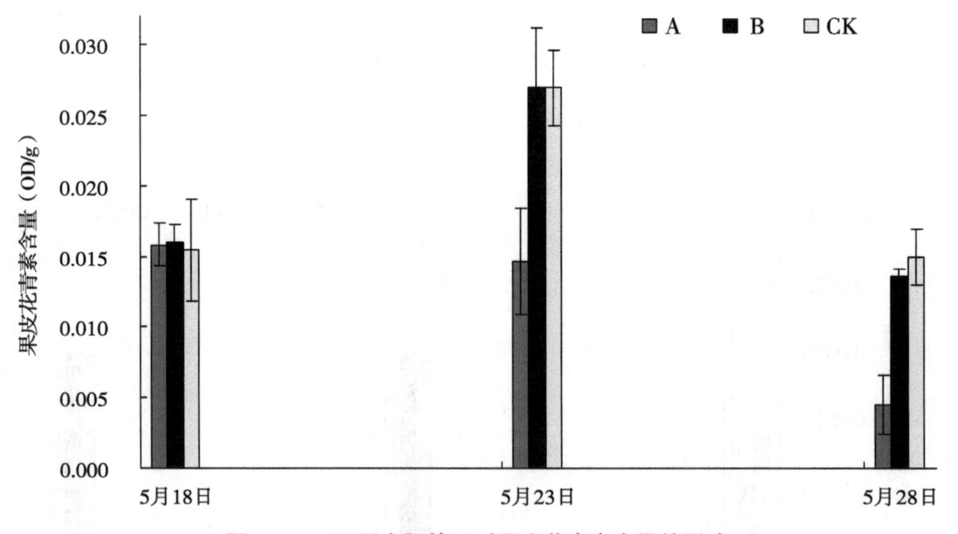

图 6-78　不同水肥管理对果皮花青素含量的影响

三、花期管理技术要点

2—4 月，杧果正处于抽穗期和开花期，这段时间的管理，是夺取当年杧果丰产的关键时期，杧果花期管理的技术要点如下。

1. 施肥

（1）根系施肥　在花序生长到约 5cm 长时，对树势较好的可每株施复合肥 0.15~0.25kg，如花序较粗壮可不用施，树势较差的可每株施尿素 0.1~0.15kg，加复合肥 0.2~0.25kg；谢花后至幼果膨大期再施 1 次，结果多的树株施尿素、钾肥各 0.5~1kg，结果少的树株施钾肥 0.3~1kg。施肥后每株树淋水 50~100kg。

（2）根外施肥　盛花前 1 周开始，可用 0.2% 磷酸二氢钾 +0.2% 硼砂+0.3% 尿素混合液喷洒树冠，每隔 7~10d 喷 1 次，连续喷 2~3 次，可提高花序质量，提高两性花比例，提高授粉受精，提高坐果率。

2. 供水

（1）在花序伸长期、开花期　给树盘灌水 1 次，每株淋水 100~150kg。

（2）在两性花开放期　如遇到早上多雾或中午高温热风天气，每天 8:00—11:00 给树冠喷水趋散雾气和降温。

3. 促花

对在春节前后进行摘花的果树和因管理跟不上至今未萌动的果树，在 2 月中旬继续用 1%~2% 的硝酸钾喷布树冠进行促花。

4. 繁引苍蝇

（1）繁殖苍蝇　在日平均气温在 16℃以上时，在果园推放蔗渣，并拌入少量饲料用鱼粉，保持湿度，可繁殖苍蝇。或在杧果开花前，在果园内挖 0.8m^3 的土坑，每亩 1~2 个，在坑内堆放湿烂的猪、牛粪，粪堆中央泼上水并揉烂，使其呈稀糊状，而且经常保持湿中显水，以招引苍蝇、蚊子产卵繁殖。

（2）引蝇入园　把禽畜内脏或死鱼烂肉用塑料袋（不要密封）装好挂在树枝上，并保持湿度，可将苍蝇引入果园。

（3）杀除苍蝇　在杧果谢花后，结合坐果期的病虫害防治，全园进行苍蝇杀除。

5. 摇花

（1）部分果园使用过量多效唑　出现花序短小的现象。由于花序短小，花蕾过密，花瓣和花朵易黏在一起，如发现这种情况，必须用人工摇母树，将花瓣摇落。

（2）开花后　如遇到阴雨天气，易产生沤花，用人工摇花枝，摇落积水。

6. 修剪

谢花后，加强对果树进行修剪，把无果枝、过密枝、荫枝、病虫枝、枯枝和所有的夏梢全部剪除，保持树冠通风透光。

7. 摘叶

进入3月如果气温升高，容易使后期抽生的花序出现混合芽，由于小叶展开会消耗大量的养分，因此必须摘除。在混合花芽的小叶将展开时进行摘叶，摘叶时，把小叶片摘除，留下叶柄。

8. 防治病虫害

（1）防治对象　主要防治细菌性角斑病、炭疽病、白粉病、尾夜蛾、短头叶蝉、蓟马、毒蛾和蚜虫等病虫害。

（2）防治方法　可用1：1：100波尔多液，90%敌百虫800倍，24%万灵水剂1 000倍液，施保克1 000倍液等杀菌杀虫农药分别于花序伸长期、开花期、谢花后每隔10~15d喷1次，可有效防治各种病虫的为害。

（3）注意事项

① 主要防治对象是杧果白粉病。

② 杧果开花期间不能使用杀虫农药，避免把授粉昆虫杀死。

四、树体管理

（一）整形修剪

1. 整形修剪的意义

整形修剪就是人们通过整枝和剪枝使杧果树具有良好的树体结构，树冠的骨干枝和各级分枝分布合理、均匀，通风透光性良好，有利于早结果和丰产稳产。整形自定植后开始，在结果前把杧果树整理成意想中的形状；修剪是在整形的基础上修整枝条，维持树冠的合理结构，促进杧果树高产、稳产，果实外观好。整形修剪的意义如下。

（1）通过整形修剪能缩短杧果的非生产期　达到早结果早丰产的目的。笔者在儋州市对青皮杧幼树进行拉枝，压枝和短剪徒长枝条等处理，抑制了枝条向上生长，使处理株比对照早一年结果，第二年的产量比对照高 1 倍，达 11 580kg/hm^2（772kg/ 亩）。

（2）通过修剪可以调节生长与结果的矛盾　使各年产量比较均衡。在排除气候因素影响的前提下，杧果出现大小年结果有品种原因，也有管理问题。在管理上主要是施肥与修剪。比如有些品种有大小年或隔年结果现象，但在栽培上如能及时合理修剪，配合施肥就能克服或减轻大小年结果现象。

（3）通过花芽分化前的修剪可增加树冠的通风透光性　增加植株的同化作用，增加枝条积累，有利于花芽分化和开花结果；而果实发育期的修剪能调和枝条生长与果实发育的矛盾，增加果实光照，减少病虫害，增进果实品质。

（4）通过修剪能矮化植株　方便管理。

2. 修剪的方法与效果

（1）短剪（或称短截）　一般指剪去 1~2 年生枝条的一段，其目的是刺激剪口附近的芽萌发新枝，增加枝条的数量。对结果多或因病虫害而衰老的枝条也可通过短剪加以复壮。因剪截强度不同，可分为以下两方面。

① 轻短剪。剪去枝条顶端的密节芽。

② 重短剪。剪去 1~2 蓬梢，甚至剪至木栓化的枝段。

（2）回缩重剪（截）　对 3 年生以上的枝条（或主枝）、剪至基部的 1/3，让枝条基部的潜伏芽抽发新梢，复壮枝条和树冠。对衰弱树更新复壮多用此法。

（3）疏剪　将过密、过弱（小）、重叠或交叉的枝条自基部剪除，减少枝条数量，能起到减少植株养分消耗，增加树冠通风透光度，从而增加枝条光合积累，促进花芽分化的作用。

（4）抹芽　在萌芽初期把一些不需要的芽刚一抽生就用手抹除，使留用的芽有更充足的养分和光照，以促进枝条生长。

（5）摘心　在新梢伸长到一定长度而未老化时，用手（或枝剪）摘除顶部枝段，控制新梢长度，缓和被摘心枝条的生势，使各分枝间均匀生长。

（6）压枝与拉枝　对直立性强的枝条通过压枝、拉弯或撑大枝条与母枝的夹角，缓减枝条的生势，能起减轻顶端优势，促进花芽分化的作用。拉枝与压枝应在枝条老化后进行，否则易弄断或拉脱。

此外，环状剥皮，环刈，扎铁丝，刻伤，断根及疏花，疏果等也属于修剪措施。环剥或断根等几种措施能短时间切断有机养分下运，起抑制根系生长，缓减植株营养生长，增加枝条积累，促进花芽分化作用；疏花疏果则能减少树体消耗，平衡结果与枝梢生长的矛盾，增加果实养分积累，并使果实发育均匀，充实，提高果实的商品品质。

3. 杧果树体结构

（1）杧果树的树体结构　杧果树的地上部分包括主干和树冠两部分。树冠由中心干、主技、侧枝和枝组构成，其中中心干、主枝和侧枝构成树冠的骨架；统称骨干枝。

① 主干。地面至第一分枝处的茎干称为主干。整形时，留取主干的高度可根据不同的品种进行，象紫花等分枝极性强的品种，在留取主干时可低一些，一般 50cm 左右即可；而对于象秋杧、桂香杧之极性弱的品种，主干留取时可高一些。因此，根据不同品种极性的不同，一般在苗圃或当年定干，高度 50~100cm 为宜。

② 中心干。在主干以上的骨干枝称为中心干，其留取的条数一般也与品种有关。

③ 主枝。着生在中心干上的骨干枝称为主枝，与主干一样，是运输养分扩大树冠的器官。原则上在能够布满足够空间的前提下，骨干枝越少越有利，一般树形大，骨干枝要多，树形小，骨干枝要少，杧果主枝每株树以 5~7 条为好，同一层不多于 3 条。

④ 侧枝。着生在主枝上的枝条称为侧枝。是叶片着生和开花结果的主要部分。整形时要尽量多留。为增加叶面积，提高产量创造条件，杧果侧枝第一结果年多属结果母枝，收果后萌发出的新枝成为第二年的结果母枝。这时全树一般只保留 30~40 条。

⑤ 枝组。从侧枝上抽生出的新枝称为枝组，是第二结果年的主要结果枝。5~6 龄树宜保留 40~60 条，以后轮换更替，保留在 80~120 条。

（2）树形与整形技术　杧果不同品种（或类型）有不同的树形，目前栽种的品种大致有 3 类树形，具体如下。

① 树形高而直立。在自然生长下形成椭圆形的树冠，高度大于冠幅，主

干粗壮，骨干枝直生，如象牙杧和粤西 1 号杧等。这一类树从苗期定植抽芽后就应抓紧整形，可在苗木离地面 40~60cm 处短截主干，促进分枝（如原有分枝则无须短截），从中培养 1~2 条长势均匀、粗壮的骨干枝，用人工牵引、修剪等措施抑制枝条的直立性，使枝条斜生，形成较开展的圆头形树冠。

② 树形主冠开展。株高与冠幅相近，自然生长下形成圆头形树冠，主干明显而短，分枝粗壮，疏密适度，椰香杧等大多属这一类。在苗期要强化 1 级枝、通过短截、修剪等措施使 1 级枝成为强健的骨架，以期形成既开展、矮生，又不易下垂的树冠。

③ 树矮。主干短，分枝低，枝条容易下垂，自然生长下形成扁球形或伞形树冠，植株高度小于冠幅。如秋杧、桂香杧就属此类。对此类树形，要适当疏剪过多的枝条，培养 3~5 条生长均匀的主枝，使形成理想的树形。

（二）幼树的整形修剪

定植后苗高 80~100cm 开始整形，主要整形方法如下。

1. 自然圆头形树冠的整形

这是海南省采用最多的整形方法。大多数杧果树在不加修剪的情况下都能形成圆头形树冠，其特点是无中央领导干。但如不加整形修剪则树冠内枝条凌乱，分枝生长不均匀，从属关系紊乱，结果较迟。其整形方法与步骤如下。

（1）定干　苗高 80~100cm 时通过摘心促进主干长出分枝，一般品种定干高度为 50~70cm，枝条下垂的品种（如秋杧）定干高度可适当高些。

（2）培养主枝　主干抽梢后，选留 3~5 条生势相当的分枝作主枝，其余抹除。如果生势差异大，可通过拉枝，压枝及弯枝等方法抑强扶弱，务求生势均匀，角度适中。主枝与树干间的夹角保持 50° ~70° 角。

（3）培养副主枝　当主枝伸长 60~70cm，在 40~50cm 处摘顶，促进主枝抽生分枝，选留 3 条生势相当的分枝，其中两条作副主枝（二级枝），一条作主枝延续枝。待延续枝伸长 50~60cm 时再留第二层副主枝；如法再留第三层、第四层分枝。

副主枝与主枝的夹角应大于 45°，所留的副主枝应与主枝在同一平面上，避免枝条重叠或交叉，长度不应超过主枝。

（4）辅养枝及其处理　由副主枝抽生的枝条发展成结果母枝，起扩大叶面积，增强光合效能，积累营养物质供植株生长发育之用。这类枝条一般不宜剪除。对徒长性的强枝可以短截，促进分枝，以保持枝条的从属性。但可疏除扰乱树冠的交叉枝和重叠枝。结果2~3年后，一些枝组生势变弱或位置不适当，影响树冠通透性者可以逐步疏除。

（5）徒长枝及其处理　在上述各类枝条上常常抽生一些特别强壮的徒长枝，如不及时处理会影响骨干枝的发育，扰乱枝条的从属性，通常应予疏除，但如该主枝（或副主枝）生势弱时也可培养为代替主枝。有病虫枝出现也应及时处理。

2. 自然开心形树冠的整形

（1）定干　在苗高70~90cm时摘心，促进分枝。抽梢后选留3个主枝。

（2）选留主枝与副主枝　主干抽梢后，选留两条生势均匀、对称，与行间呈15°角的分枝作主枝。如角度不合，可通过人工牵引予以校正；另选留一条较直立的新梢作延续主干，如无直立枝可选粗壮分枝，在未木质化前用人工牵引，使之向上生长。主枝伸长后，在离主干45~60cm处保留2~3个侧芽或背下芽作第一层副主枝，并保留延续主枝继续生长。待延续主枝伸长后，相隔45~60cm留第二层副主枝；当延续主干向上生长至离第一层主枝100~120cm时留第二层主枝，第二层主枝与第一层主枝呈斜十字形，与行间也呈15°夹角，但方向与第一层相交错，例如第一层分枝为西北西与东南东，则第二层分枝为东北东与西南西向。副主枝培养与第一层同。

在副主枝上长出的侧枝（3级枝、4级枝）应尽量保留，但过密枝、交叉枝，重叠枝，病枝和扰乱树冠的枝条应予疏除。此树形的特点是树冠投影呈椭圆形，保留较大的行间，有利于果园通风透光，并可利用层性增强空间结果效能，适于密植栽培，但技术要求较高。

3. 疏散分层形树冠的整形

秦国白花杧等直立性强的品种，虽经整形若干年后仍有一些主枝向上生长，主枝变成树干，树冠呈椭圆形（或近圆锥形），对这种树可修整成疏散分层形。即在主干高50~70cm处留3~4条枝作第一层分枝；相隔100~120cm留第二层主枝，再隔60~70cm留第三层枝。每层主枝2~3条，各层主枝生长方位错开。主枝上留副主枝2~3层，每层留副主枝2条，副主枝上再分生辅养枝（结果母枝方法同上）。

（三）结果树的修剪

结果树的修剪是在整形的基础上整理枝条，创造通风透光良好的树冠，为丰产优质创造条件，此时修剪一般以短剪和疏删为主。主要修剪时期分别如下：

（1）花芽分化前（在海南省是10月中下旬） 疏除过密枝、阴弱枝，病虫枝和扰乱树形的枝条，增加树冠的透光度，促进枝条花芽分化。在台湾省，花芽分化前2个月疏除徒长枝和不良枝，每个枝条仅留1~2条梢。

对生长过旺，多年不结果的植株，可通过主枝环割或环状剥皮，扎铁丝及断根等方法抑制枝条生长，增加积累，促进花芽分化。

（2）在第二次生理落果后（大约在海南省是3—4月） 疏剪影响果实发育的花梗与枝条，并疏除一些畸形果，病虫害果，过小的败育果和靠在一起的果实（后者易引发虫害），目的是减少果实对养分的消耗，减少花梗及枝叶对果实的摩擦、损害，也可增加果实的光照，使果实发育均匀，增进果实外观，提高果实品质。此外，在丰年可短剪一些未结果的枝条，促进分枝，为来年培养结果母枝。据报道，台湾省在杧果开花结果后，将未结果的枝条自节下3~10cm处短剪，培养次年的结果枝，在生理落果后进行疏果，每个果穗仅留2~3个果，尽量保留果穗中部的果实。收果前30d疏剪过密的新枝或短剪未结果枝以增加光照。

（3）采果后的修剪　这是结果树的重点修剪时期。采果后及时短剪结果枝，促进老果枝抽发新梢。如出现株间或行间枝条交叉现象，可以及时回缩修剪。衰弱的枝条，过密的枝条，和病虫害枝应予疏除；对树冠中部的直立性徒长枝或过强的枝条可适当短截或从基部删疏；对树冠内交叉、重叠的枝条，在结果期未处理的，亦可在采后剪除，目的是增加树冠内的光照，促进收果后及时抽新梢。

修剪必须与施肥和病虫害防治紧密配合才能取得较好的效果。

（四）老弱树更新复壮

有些树经过十几年或几十年结果，或因病虫害而导致枝条衰老，结果能力下降，产量低，内膛空虚等现象，可以进行更新复壮。

在离主干60~80cm处重截主枝，重新培养骨干枝及枝组。同时根系也相应回缩短截，促发新根，让其形成新的根系。可在离树干1.8~2cm处挖深、宽各40~50cm的环状沟，施入厩肥（或堆肥），饼肥或绿肥等有机肥，促进新根生长。截干更新以10月至次年3—4月为好，此时天气凉爽，阳光和煦，不会灼伤树皮；而且在杧果最适生长区其时正值旱季，新梢不会受炭疽病为害，冬季其他病虫害也较少，有利新梢生长，恢复树冠。一般截干处理后经过2年可以恢复生产。

国外对结果若干年的杧果树也有逐年回缩、更新枝条，保持行间通畅的做法。法国留尼汪的做法是：当一株树结果几年后先回缩树冠东面和北面的主枝，让西面和南面的枝条结果；一年后，东面和北面的枝条恢复结果能力了，又对西面和南面的枝条进行重截回缩。如此循环以保证株间和行间有足够的空间，又可复壮树冠，保证果园有不间断的收入。

（五）风害处理

海南省秋季常有台风，台风后会造成幼树植株摇动、折枝损枝、叶片损伤或破碎，导致伤根、细菌性叶斑病、炭疽病和流胶病等，严重者导致植株枯死，故风暴过后必须进行风后处理。

（1）风后检查风害情况　一些幼龄植株如被风吹歪或倾斜，应在天晴后小心扶正，撑牢，并用干土填入空洞、压紧。如树干仅摇动，根颈部的土呈一个喇叭口，则仅向喇叭口填入干土，压紧即可。摇动严重或吹斜的植株，其根系必然受损，影响吸水能力，因此，应根据植株生势与摇动及倾斜的严重程度，剪去部分过密的枝条及幼嫩的枝条，以减少因叶片蒸腾而导致植株失水，保持根部吸收与地上部蒸发的平衡。植株受害越严重，修剪越重。

（2）对因风害折断的枝干　应用锯修平，并涂以波尔多浆保护。

（3）天晴后马上喷1%的波尔多液或其他相应的杀菌剂　以预防病害发生。

（六）树干涂白

因强度修剪或过分落叶，会导致植株干暴露。暴露的杧果枝干易受烈日暴晒而死皮，出现这种现象时，可用石灰水（加入2%~3%的食盐）涂白树干或主枝，有防晒伤的作用。在涂白过程中，对树干附有的微生物和虫卵、虫蛹也有抑制作用。

五、保花保果

杧果开花及坐果期是杧果生产管理上极为关健的时期，其开花及坐果期的管理措施有以下几个方面。

1. 开花枝梢的整理

在花芽分化前约 2 个月删除过密枝、荫弱枝及病虫枝，每枝只留 1~2 个梢即可，这样可增加树冠的透光度，利于养分的集中和形成良好的通风光照条件，促进花芽分化及防止病虫害发生。

2. 培养和吸引苍蝇授粉

杧果园在开花前，在果园内堆放垃圾或沤制麸粪、鸡粪、咸鱼碎片、禽畜内脏等，可以培养和吸引苍蝇前来果园繁殖授粉。但利用苍蝇只能起部分传粉传用。

3. 微量元素及钙肥的施用

杧果自开花至幼果期可用施石灰的办法来降低土壤酸度和有害铁、铝、锰的含量，提高钙素水平。一般每株施石灰 0.6~0.8kg，或在开花至坐果期喷施 2% 氯化钙溶液。锌和硼的施用，可在开花前 10d 及盛花和谢花后喷 1 次 0.2% 硫酸锌和 0.2% 硼砂溶液，以促进授粉及结实。施用时可于病虫害防治时混合于农药内进行叶面施肥，同时配合灌溉。土施时每株 100g 硫酸锌和 50g 硼砂，在秋梢萌发前与氮磷钾肥配合施用。

4. 喷施保花保果药剂

用 50~100mg/kg 赤霉素，在谢花后每 15~20d 喷 1 次，共喷 2~3 次，对提高坐果率有一定作用。或用如下方法：

（1）盛花期　用 50~70mg/kg 防落素喷施（四川产）+0.3%硼砂喷施。

（2）谢花后 1 周　用 50~70mg/kg 防落素（四川产）或 300 倍多效好或 1.8%爱多收 0.5~1mg/kg+0.2% 磷酸二氢钾喷施。花后 2~3 周：用 30~ 50mg/kg “九二〇”加 0.3%尿素喷施。

5. 追肥

（1）根际追肥　谢花后至幼果迅速膨大期按树势、结果量追肥。施肥以氮、钾肥为主。10 年生以下树每株施尿素、钾肥各 0.3~0.5kg，10 年生以上树每株施尿素、钾肥各 0.5~1.0kg；结果少的树可不加氮肥，只补充钾肥，依树龄大小，每株施钾肥 0.3~1.0kg。在果实生长期间，对于结果多的弱树还可在 6 月补充适量的氮、钾肥。

（2）根外追肥　盛花期、终花期，幼果期各喷洒 0.3% 硼酸和 0.2%~0.3% 磷酸二氢钾 1 次。

6. 疏果及修剪果枝

疏果在谢花后 15~30d 内，幼果如花生粒大小时进行疏果，每穗只保留 2~4 粒果，保留的位置以中央为佳，选择较大、色泽嫩绿、生长活力强的幼果，留下的果在树冠内及枝条间均匀分布，以果与果之间不紧贴在一起为宜。杧果在生理落果后，穗轴难以自然脱落，应人工剪除，以免风吹刮伤果皮，影响外观。但爱文及金煌杧品种应予以保留。

7. 促进着色

有些果皮好红色的品种，如红杧 6 号、爱文杧等，在中果期修剪时除去遮蔽果实的荫弱枝、病虫枝等枝条，使一果实接受充分的光照，着色均匀。在果实套袋前用 70% 腈硫醌可湿性粉剂喷 1~2 次，可使爱文杧外观色泽红润，喷 50% 苯菌灵可湿性粉剂可促进果皮细嫩及产生果粉，喷 80% 的硫黄可湿性粉剂，可促进果皮有红黄色的色泽及产生果粉。

8. 套袋

杧果的果实发育期为高温多雨时节，果实套袋是保护果实以避免病虫的最好办法。套袋前先喷杀菌、杀虫剂，也可将纸袋放入药液浸湿后使用，套后扎紧，袋底留漏水孔，以排出袋中积水。杧果袋的大小依品种而异，一般规格为：长 22~30cm，宽 15~20cm，纸袋材料可由白色蜡纸、黑色牛皮纸及无纺布组成。套袋时间一般是在坐果基本稳定后，即第二次生理落果结束，果实生长发育到鸡蛋大小时为宜。紫花杧在谢花后 35d 左右进行套袋，爱文杧在采收前 30~50d 进行，利于果实着色。金煌杧可提早套袋处理，也可以在采前 45 d 套袋。

六、套袋护果

我国的热带地区光热资源丰富，十分适宜杧果的生长，但由于果实生长时期正值高温、多雨季节，果实发育极易感染病虫害。杧果套袋技术的应用不仅可以防止病菌的感染、传播，还可以减少昆虫、树枝等伤害果实，防止空气有害物质、酸雨污染果实及强光照灼伤果实表皮，减少果实与其他物质相互摩擦损伤果面，改善着色、增加果皮腊质，提高果面的光洁度及光泽；同时可以减少喷药（农药）次数，避免农药与果实直接接触，降低农药残留量，为生产出优质杧果打下良好的基础。

杧果套袋一般在第二次生理落果结束后杧果有鸡蛋般大小时进行。套袋时间过早，由于果柄幼嫩，易受损伤而影响以后果实的生长。套袋太晚则失去效果。套袋前应对果树进行修剪，这 1 次修剪主要是疏删掉病虫枝、交叉枝、空怀枝、畸形果和果梗等，使其通风透光。修剪后应进行 1 次喷药，可用 800 倍液施保克或 500 倍液大生等杀菌剂配杀虫剂喷施，同时可适量的加入一些叶面肥（如钙、硼等）以提高杧果坐果率和品质。待果面药液干后即可进行套袋。

套袋前先将纸袋放在潮湿处，让果袋返潮、柔韧，以便于使用。并且套袋应选在晴天进行。选择生长正常的杧果果进行套袋，套袋时先将纸袋撑开，并用手将底部打一下，使之膨胀起来，然后，用左手两指夹着果柄，右手拿着纸袋，将幼果套入袋内，袋口按顺序向中部折叠，最后弯折封口铁丝，将袋口绑紧于果柄的上部，使果实在袋内悬空，防止袋纸贴近果皮造成擦伤影响果粉。绑袋口时一定要注意，不可把袋口绑成喇叭状，以免害虫入袋和过多的药液流入袋内污染果面；套袋时要防止幼果果柄发生机械损伤，纸袋要求底部的漏水孔朝下，以免雨水注入袋内漏不出去沤坏果实或引起袋内霉变；红杧类品种（特别是吉禄杧果）套袋后应在采收前 15~20d 除袋增色。

套袋结束后果实虽然有纸袋的保护，但仍然要做好病虫害的防治，定期的对套袋的果子进行检查，发现异常情况及时处理。同时要进行追肥或根外施肥，保证果实生长时需要的养分。

1. 套袋时间

在杧果谢花后 35~45d、第二次生理落果结束时（像鸡蛋大小）进行套袋，也应该结合当年的实际情况，一般要求在4月下旬至5月中旬雨季来临之前进行，套袋时间过早，由于果柄幼嫩，易受损伤而影响以后果实的生长，同时由于果实太小，不易确定果实的形状是否端正，或因生理落果而影响套袋的成功率。套袋过晚，果实过大增加了套袋的难度，易将果实套落，同时也达不到预期的效果；套袋应选在晴天进行。

2. 套袋前的准备

（1）修剪　套袋前修剪，疏除病虫枝、交叉枝，使其通风透光，另行疏果，并剪去落果果梗；

（2）喷药　套袋前喷药，可用1：1：100波尔多液或800倍液施保克或500倍液大生等杀菌剂喷施，果面干后套袋，要求当天喷药当天套完，对一些价格好的礼品果，如金煌杧、凯特、百优－1号等品种最好能进行单果浸药后套袋。

3. 套袋方法

（1）套袋前先将整捆果袋放在潮湿处　让它们返潮、柔韧，以便于使用；

（2）选正常果进行套袋　套袋前先将套袋果实上杂物清除，套袋时先将纸袋撑开，并用手将底部打一下，使之膨胀起来，然后，用左手两指夹着果柄，右手拿着纸袋，将幼果套入袋内，袋口按顺序向中部折叠，最后弯折封口铁丝，将袋口绑紧于果柄的上部，使果实在袋内悬空，防止袋纸贴近果皮造成摩伤或日灼；

（3）绑袋口时一定要注意　不可把袋口绑成喇叭状，以免害虫入袋和过多的药液流入袋内污染果面；

（4）套袋时要防止幼果果柄发生机械损伤　果袋要求底部的漏水孔朝下，以免雨水注入袋内漏不出去沤坏果实或引起袋内霉变。

（5）如果天气干旱　最好浇水后再套袋，以免发生日灼。

4. 杧果套袋后的管理

杧果套袋后，果实虽然有纸袋的保护，但是叶片仍然面临着病和虫的为害，而叶片是树体光合作用的重要器官，是果实营养的主要来源，因此树体的管理也不能放松。套袋结束后要做好病虫害的防治，但要喷的次数可以少些，主要是在下雨过后喷，同时要进行追肥或根外施肥，保证果实生长时需要的养分。

七、应用生长调节剂保果或调节花期

杧果的产量与植株的花序数、穗坐果率，每穗果数及平均果重有直接的关系。除了通过施肥等措施可以提高产量外，使用生长调节剂也可提高产量。国内外研究都说明，使用乙烯利、萘乙酸、2，4-D、赤霉素、青鲜素（马来酰肼）等都能促进花芽分化，增加花序数，提高两性花比率，增加坐果和单果重，进而提高产量。

（1）5月开始每隔1月喷生长素3次　用萘乙酸（50~100mg/kg），青鲜素（1 000mg/kg）或矮壮素（1 000mg/kg、2 000mg/kg或4 000mg/kg）都能增加每个花序的花数，提高两性花比例。

（2）小年　于10—11月喷施400mg/kg的乙烯利、300mg/kg的青鲜素、1 500mg/kg的丁酰肼或3 000mg/kg的矮壮素，结合枝条环状剥皮，能诱导大量抽花序，提早开花，提高两性花比率。

（3）印度奥里萨邦布巴尔园艺试验站　从花芽分化期至果实横径2~3cm时，分别用10mg/kg、20mg/kg或40mg/kg的2，4-D、萘乙酸、赤霉素或2，4-D，5-T先后喷雾4次，能增加果重，提高产量。其中，以40mg/kg萘乙酸的效果最好。

（4）我国林淑增（1981）试验　在杧果花芽分化期喷200mg/kg乙烯利能促进花芽分化；在盛花期喷20mg/kg的2，4-D，70mg/kg的赤霉素和30mg/kg的萘乙酸均能提高坐果率，增产效果明显。特别2，4-D和赤霉素增产可达59%。

（5）试验表明　在花芽分化期，花序发育期，开花期和子房膨大期各喷一次0.5%的磷酸加2%的尿素有明显的增产效果；在开花期和幼果发育至豌豆大小时喷4%的尿素溶液也能增加结果数，大大提高产量。

（6）据报道，菲律宾在大年的10月用1%的KNO_3溶液喷杧果树冠能诱导抽花序而增加小年产量　近年，该国又生产一种海藻碱（Maxibloom）能诱导杧果在淡季开花，使杧果周年结果。

（7）近年，广东省和海南省应用多效唑（PP_{333}）改变花期　反季节结果（或提早结果）取得较好的经济效益。一般用量是每米树冠（投影）施15%多效唑5~8g，施后2~4个月出现花芽，反应快慢因品种而异。一般用根施或根

施和叶面喷施结合。

八、反季节生产技术

由于杧果的花芽分化期间需要一定的低温，而海南省的诸多地区因为低温不够而导致花芽分化不良，为了保证产量，在海南省的昌江、东方、乐东、三亚、陵水等地区，均需采取催花措施才能保证正常的产量。随着该技术的不断发展，目前不仅仅用于杧果的催花，而更多的是用于进行反季节杧果生产。由于上市早，品质优，价格比原来更高，经济效益显著。但是由于种种原因，部分杧果在反季节高产栽培中还存在一些应注意解决的生产技术问题，以致产量较低，主要问题如下。

1. 反季节杧果生产中存在的主要问题

（1）部分杧果整形修剪较差　部分果园特别是部分黎族农民种植的果园，由于整形修剪较差或不及时整形修剪，使植株通风透光较差，导致病虫害较重，影响产量。

（2）不良气候影响　杧果的开花结果期处于低温干旱的冬春季，其产量受冬春不良气候影响较大。据三亚市气象资料和杧果生产实际可知，影响杧果产量较大的气候因素如下。

① 低温阴雨。及时的低温虽然能促进杧果花芽分化，但在开花后出现的低温阴雨天气会造成落花、授粉不良、花穗变黑、坐果率低。杧果在幼果期如遇低温阴雨，土壤水分过多，有利于炭疽病、白粉病发生发展，造成落果。

② 长期连续高温。杧果树需要一定的低温作用才有利于花芽分化，若花芽分化期长期连续高温会造成难于抽穗，造成减产。

（3）果树生理代谢失调　部分施用多效唑催花的果园，由于催花配套栽培技术应用少，长期用药过量等原因，造成植株生理代谢失调，出现花穗较长，两性花形成比例不合理等不良现象，造成坐果率很低，生理落果较多。

（4）病虫害　炭疽病、白粉病、尾夜蛾、角斑病等病虫害。这里特别指出的是海南省三亚市 1997 年 2 月连续阴雨后，部分果园炭疽病严重发展，使花穗幼果变黑，最后脱落。部分果园由于错过最佳防治期打药，造成病虫防治效果较差，部分果园由于开花期打农药较多或使用农药的种类不当等原因，赶走传粉的蜂蝇，影响授粉，从而影响产量。

（5）肥料管理不当　部分果园少施肥，土壤养份较少，使果树营养不良，影响产量。特别是催花杧果，由于其营养生长期缩短，营养积累较少，缺肥影响产量更大。山区许多黎族农民种植的杧果缺肥严重，造成许多果园少开花结果。

（6）水分管理不当　反季节杧果的开花结果期处于干旱的冬春季，缺水严重影响了杧果产量的提高。

2. 主要技术措施

根据上述存在的反季节杧果高产栽培应注意解决的技术问题和生产实际，现提出如下相应对策。

（1）整形修剪　对于结果树，收果以后要进行整形修剪，具体要求：

① 剪除影响主枝生长的辅养枝着生位置不当的重叠枝、交叉枝、病虫枝、徒长枝、竞争枝、荫蔽枝。

② 短剪过长枝、过旺枝。

③ 夏梢抽发前期，摘芽控制夏梢，减少生理落果。

④ 花后修剪。剪除残花梗，剪除影响发育的枝叶，剪除春梢，适当疏果。总之，整枝时要留中等生势的枝条，不留最好和最差的枝条，枝粗为 0.8cm（粗细如普通香烟）结果最好，努力使树冠上稀下密，外稀内密，大枝稀小枝密，使地上有光斑。

（2）预测有利气候时间，调节花期　杧果的栽培应时刻关注气象条件，若在花期出现低温阴雨天气，不仅不利于杧果的开花，而且影响开花授粉。若花期早，虽此事气温高、降雨多，对开花授粉有一定影响，但在此时开花的杧果上市早，单价高。在正常年份，花期的日均温度为 24℃，空气相对湿度 74%，月降水量 29.3mm，则较利于开花授粉。如预测到长期高温干旱天气正遇上花芽分化和抽穗，要适当增加催花药的叶面喷施用量，抽穗后有条件的要马上灌水。在盛花期如遇持续高温干旱，应每隔 2~3d 喷 1 次清水，降低空气温度，有利于授粉，提高坐果率。

（3）分期适量施多效唑控梢　促使杧果分期开花，如遇不利气候，也不会全面减产。分期施用多效唑是指同一品种同一林段分二期或二期以上施用多效唑，每期相隔 10d 左右。台农、小青皮、白象牙、吕宋、留香每米树冠投影直径施 15% 多效唑商品药粉剂 15g，容易开花品种如秋杧、紫花每米树冠直径施药粉 12g，难开花品种如椰香每米树冠直径施药粉 20g。将每株药粉混水 2kg 左右，均施于树冠滴水线以内开的环沟中，然后复土，并保持土壤湿润 15d 以内。如果土施加上叶面喷施控梢效果更好，台农、小青皮、留香等品种叶面喷施多效唑浓度 1 000mg/kg，即每 15kg 水加药 100g 均喷洒于叶片正反面，以药液要滴未滴为度，一般喷 2~3 次，每隔 7~10d 喷 1 次，控梢效果更好。

（4）催花　第二蓬梢稳定后，如雨水过多或天气较热，有可能再抽新梢，可在每 15kg 水中加乙烯利 8~10ml，再加 50g 多效唑（500mg/kg），喷洒叶片正反面，以药液要滴未滴为度，一般喷 2~3 次，10~15d 喷 1 次，控梢催花效果都有。为了提高催花效果，可在 15kg 水加 8~10ml 乙稀利的药液中加入硝酸钾 0.5~0.6kg 或钾宝 0.3~0.4kg，硼砂 0.15kg，萘乙酸 3 支（15ml），爱多收 1/3 包（3g），一般喷 2~3 次后 20~30d 就可抽穗。

（5）及时防治病虫害　加强病虫害的调查预测工作，达到防治指标，要及时进行防治，如不达到防治指标，不要盲目打药或过多打药，特别是在开花期，更不要过多打药，避免赶走传粉的蜂蝇。推荐采用无公害农药代森锰锌，双抗可、使百功、甲基托布津、易保、阿米西达等，可用农药波尔多液、百菌清、多菌灵、灭病威、代森锌、轮炭必克等于嫩叶期，花穗抽生至开花期每左右天喷药 1 次，于果实生长期，每月喷药 1 次，防治炭疽病。推荐采用无公害农药白粉净、晴菌唑、百理通、富特灵、万兴等农药，可用农药胶体硫、硫黄粉（花期不能用）、甲基托布津、多菌灵、三唑铜等于初花期和末花期各喷药 1 次防治白粉病。推荐采用无公害农药克菌康、龙克菌、可杀得，可用农药农用硫酸链霉素、家佳福、红点炭病净、杧病清等防治细菌性角斑病。推荐采用无公害农药抑太保，除尽，锐劲特，可用农药敌百虫、氯氰菊脂、万灵粉、功卡、敌杀死、速灭杀丁等于叶梢或果穗开始生长时喷药，每 7d 左右 1 次，直至叶梢变经常或花穗长 20cm，预防尾夜蛾等害虫。用农药吡虫啉加天力，用农药朴虱灵、粉虱特、蚜蓟清等防治蓟马效果较好。用蚧杀特蚧绝、蚧立洁

（花期不能用）、氧氯化铜等农药防治粉蚧。施用多菌灵、甲基托布津、轮炭必克、炭粉清、利果秀、杧果病克等农药，既能防止炭疽病，也能防治白粉病。防病和防虫的农药能混用的要混用，以便省工。防病农药要打二次以上效果才好。

（6）投物诱蝇，有利传粉　开花期如发现蜂蝇较少，一方面要根据实际，尽量少使用农药防治病虫，另一方面向果园中分点投放废鱼、鸡粪等物，吸引蜂蝇传粉，正确处理使用农药和蜂蝇传粉的矛盾，提高坐果率。

（7）增施肥料　这是反季节催花杧果增产的一项重要措施，增施肥料产生的增产值将大大超过其成本。有条件的可推广应用营养诊断施肥技术，缺什么养分施什么肥料。

① 采果后施肥。这次肥关系到培养结果秋梢和次年产量的基础，应重施肥，以有机肥为主，配合施化肥，可结合深翻扩穴，在每株的树冠下挖沟长1.2m，宽和深分别为0.4m和0.5m的肥沟，施下有机肥20~30kg，此时每株应施尿素0.5~1kg。如土壤酸性较大，要适量施石灰，以提高品质。

② 催花肥。秋梢老化后进入花芽分化期，每株于9月至10月中旬雨季结束前土施草木灰或硫酸钾或硝酸钾或复合肥0.5~1kg，以促进花芽分化。因为花芽分化需要3个条件：低温、干旱、细胞液浓度高即碳氮比例值高。较多的碳水化合物是依靠叶片光合作用制造的，这需要一定量的钾和少量的氮，如水分和氮肥过多，则细胞液浓度低，也不易于开花，因此，此期不提倡多施氮肥。

③ 壮花肥。于抽花穗后施下，每株土施尿素0.5~1kg，如干旱严重化肥要配低浓度水浓液施肥，效果更好，以提高坐果率。如有水灌的园地可在抽穗后每株施下有机肥10~15kg，配合施尿素0.5~1kg，然后灌适量水2次以上，效果很好。

④ 壮果肥。谢花后30d左右如养分不足会造成大量落果，应于幼果迅速生长期，每株土施尿素0.5~1kg和硫酸钾或硝酸钾0.5~1kg，或施硫酸钾复合肥0.5~1kg，结果不多的可只施钾肥，如干旱严重，要混水施肥。

施肥次数过多，会增加成本，如果资金困难，每年最少土施两次肥，即施采果后肥和催花壮花肥。多施催花壮花肥，也可满足壮果期的需要，催花壮花肥以复合肥为主，每株于秋梢老化后进入花芽分化期9—10月中旬以前雨水未收干时土施 1~1.5kg 复合肥。上述施肥是采用土施法，只有土壤湿润，才能使土施肥料及早发挥较好的作用，否则较果较差，有条件的干旱时要适当灌水。如果干旱严重又没有适量水灌用，催花肥、壮花肥和壮果肥都可以采用根外追肥的方法，因为杧果的叶背，可以吸收适当浓度的肥料，补充植株营养，可在秋梢老化后，叶面喷施 3%~4% 硝酸钾（即每 15kg 水加 0.5~0.6kg 硝酸钾）当催花肥；有抽发花穗或开花后叶面喷施 0.5% 尿素当壮花肥。在果实生长期叶面喷施 0.5% 尿素或 3%~4% 硝酸钾或 0.3% 的磷酸二氢钾当壮果肥，叶面肥以 16:00 后施较好。可以将化肥溶于农药液中在叶面喷施，既能防治病虫害，又能根外施肥，省工省力，但要注意所需农药和化肥能否混施，化肥含量不要太高，以避免“烧伤”叶子。

（8）使用生长调节剂保果　当幼果如绿豆大以后，每 7~10d 喷施 10~20mg/kg 赤霉素（九二〇）2~3 次，可促进幼果生长，防止裂果。喷施硼砂（用量为每 15kg 水加 150g 硼砂）也有防裂果作用。因为杧果膨大时需要内源和外源激素，而嫁接杧果由于种子败育造成内源激素没有，我们只好施外源激素促进。

（9）适时适量灌水可显著增产　结果树灌水应掌握在如下二个时期：第一时期是剪枝施肥后土壤干旱时灌水，第二时期是果实发育期灌水。杧果在花芽分化和抽穗前喜欢干旱，但在抽穗后和结果期正遇上干旱的冬春季节，需要适量灌水，因此有灌水条件的在此期每 10~15d 灌水 1 次，能显著增产 30% 左右。但是在小果期（豌豆大小）过分大量灌水或浸水，会引起落果，特别指出的是果实发育期久旱过饱灌水或积水会造成大量落果。要适量适时灌水才能获得增产。

九、大小年的克服

克服杧果大小年结果，首先是要有适当的花量；其次是花期避过低温阴雨天气；第三是设法提高坐果率。其措施如下。

1. 选择品种

例如在海南省，可以根据海南早春多为低温阴雨天气的特点，杧果开花在

4月上旬以后比较理想。因此，应选花期迟、花序冻死后再生能刀强、两性花比例较高的品种，如台农一号杧、金煌杧、凯特杧和象牙杧等。

2. 加强管理

采果后应增施有机肥，尤其是磷、钾肥，在长秋梢、抽花穗、开花期和挂果期合理道施速效肥。采果后浅耕，立冬前后深耕，创造一个比较肥沃、疏松、湿润和肥、水、气、热协调的果园土壤环境。对瘦瘠山地、丘陵地的杧果园，应特别注意深耕压绿改土；搞好果园排灌系统和水土保持工程建设，为杧果丰产稳产打下良好基础。

3. 合理修剪

杧果结果树一般进行夏季修剪和采后修剪。夏剪通常是抹除全部夏梢，以调节夏梢与果实争夺养分的矛盾；同时还应疏去内膛枝和过弱、过密的花序；剪去遮挡果实中上部无花无果枝梢，便果实暴露出来，减少病虫为害，促进果实增大。采后修剪，一般是采果后、秋梢萌发前进行。疏去影响光照的过密枝、弱枝、下垂枝、无结果能力的衰老枝、柘枝和病虫枝，以改善光照条件和节约养分，促进留下枝条的生长。此外，还应回缩剪去树冠之间和树冠内的交叉枝，使树冠保持一定的距离；剪去先端的衰退枝、过长的营养枝和结果母枝，以促秋梢萌发生长。

4. 防治病虫

杧果病害主要有以下几种：炭疽病、煤烟病、白粉病、流胶病、果斑病和疮痂病；杧果虫害主要有以下几种：尾夜蛾（又称钻心虫、蛀梢蛾）、叶蝉、毒娥、金龟子等。防病用多菌灵或甲基托布津700~800倍液，在每次新梢抽出时、挂果期各喷1~2次；新梢长3cm左右时，喷敌百虫加杀虫双各800倍液或甲胺磷、氧化乐果800~1 000倍液，每隔7~10d1次，每个梢期2~3次。

5. 促花摘花

小年花量不够是减产的重要原因。晚花品种，可在12月中旬至1日上旬用乙烯利800~1 000倍液或乙烯利1 000~1 200倍液加B9 300~400倍液混合喷洒树冠，可提高抽穗率15%~35%。如果花序抽发过早，可在花序长到3~5cm时摘除，以促侧花芽的重新萌发。

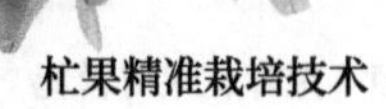

6. 保花保果

花期放蜂传粉，每公顷果园放蜂15箱；在蜂少的情况下，采用人工辅助授粉。开花后用0.3%磷酸二氢钾（俗称钾肥）加0.2%尿素进行根外追肥1~2次；盛花期喷0.1%硼酸；挂果期喷5~8mg/kg 2，4-D 2~3次或20~30mg/kg“九二〇”等，对保花保果均有明显作用。

十、成龄低产杧果园的改造

成龄杧果园改造的主要技术措施具体如下。

1. 隔株间伐

行株距1.5m × 4m的果园，隔1株伐1株，使行距改为3m，改造后的行株距为3m × 4m。

2. 高接新优品种

高接品种为红杧6号和爱文杧。7月在干高1.5m处截干，保留原有的骨干枝。当年9月或翌年4月在骨干枝长出新枝0.1~0.15m处进行多头枝接，接穗选择芽眼饱满，无病虫的1年生枝和2年生枝。嫁接采用切接法。高接品种成活后，要及时抹除砧木萌芽，高接品种萌发的新梢应及时引绑，防止风吹折断。

3. 更新与修剪

采用逐年更新的做法，即第1年隔行在干高1.5m处截干，保留原有的骨干枝一段，使更新树尽快形成树冠，这些更新树第3年即开始结果。隔行未更新的杧果树，第2年开始更新，整个果园3年内更新完毕。更新后长出二级和三级分枝的叶老熟后，一级分枝和二级分枝上均留3条分枝，其余枝条全部疏除。三级、四级及五级分枝留2条分枝作为结果母枝，其余枝条全部疏除。改造后的杧果园注意施肥、灌水，及时防止病虫害。

第七章
杧果采收与贮运

一、采收

（一）采收标准

商品果通常都需运输一段较远的路程才抵达目的地，故收获的成熟度不宜太高，以七八成熟为宜，即果实已达成熟，但果皮青、果肉硬，运输过程不易压伤。但即时食用味酸，须经数天后熟，果实变黄、果肉变软才能达到该品种的特有风味和品质，确定采收成熟度有如下几种方法。

1. 直观法

（1）果实停止增大　果肩发育饱满，果皮由青绿转暗绿或灰绿、黄绿色，有些品种果粉厚或皮孔微裂。

（2）树上出现成熟的果　或有果实蝇和吸果夜蛾为害果实。

（3）剪下的果实　从果枕流出的浮汁清而稠或不流乳液，剖开果肉呈微黄或浅黄（未熟为白带绿色）。

（4）经 7~10d 后熟　能变软、成熟，果皮不皱缩，达到该品种特有风味。

2. 比重法

根据杧果成熟时比重大于 1 ：（1.01~1.02）的原理，把果实投入水中，下沉或半下沉者达到采收成熟度。

3. 按果实发育期天数估算

例如吕宋杧从谢花至成熟，在海南省三亚市 85~90d；海南省儋州市 90~100d。高温干旱会提早成熟；天气凉，湿度大或雨水多会推迟成熟。

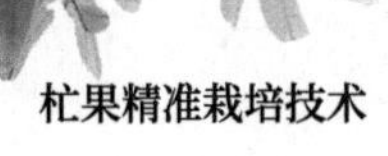

4. 通过理化指标的测定来确定采收成熟度

据资料介绍：当吕宋杧的总固形物最低值达到 6.5%，柠檬酸的最高值为 2.5%，糖酸比值为 2.6 时达到青熟标准。Samson（1980）提出，总固形物含量达 12%，果实比重 1.01~1.02，果实硬度为 1.75~2kg/cm^2，达到采收成熟度。

（二）采收技术

采收工作的好坏直接与经济效益相关连。若收获工作粗糙，则会造成果园或客户的损失而影响果场的声誉。所以要达高效益必须重视采收工作。

杧果采收时要细心，采果时以不损伤果实，尽量避免果柄流胶和污染为原则。为此，首先要避免果实被跌伤、碰伤、擦伤、刺伤、晒伤及黏沙带土；其次要尽量避免果柄排乳汁污染、伤害果皮。采收应严格按技术要求操作，切实做到无伤采收。

1. 采收时间宜在晴天 9：00 以后

此时露水已干，果柄排胶少。雨天不宜采果以防感病。

2. 宜用枝剪或果剪逐个剪下

禁止用力摇落或用竹竿打落，保留果柄长 1.5cm（或剪口在果枕之上）可避免流胶，染到果皮而引起腐烂；如仍有乳汁流出，则应将果柄朝下，1~2h 后再装筐。如果手摘不到，可用长竹竿缚一锋利钩刀，刀下结一网袋，承受割下的果实，但这样果实会流胶，采收者务必及时处理。

3. 在整个采收过程要轻拿轻放果实，严禁抛掷

果实不能堆放在阳光下，中午太阳猛烈会晒伤果皮，应放在有荫蔽的地方；收获后的果实不能堆放在泥地或水泥地板上，也不能用麻袋或肥料袋装果。应用萝筐或塑料筐盛果；用竹筐盛果时应用厚纸、塑料薄膜或树叶衬垫筐底，以防擦（刺）伤果实。

二、果实处理与分级包装

（一）果实处理

杧果采后，炭疽病和蒂腐病是最严重的病害；病原菌在采后成熟过程中

发病，果皮和果蒂上出现黑色斑块，引起果实腐烂。感病严重的果实腐烂，导致经济损失，轻度感病也影响商品价值。为此必须采取洗果、防腐措施。采收后的果实在 8h 内应用清水或 1% 的醋酸溶液洗净果皮上的乳汁，泥污及其他污迹，然后用清水漂洗，待干后，用（53 ± 1）℃热水热烫 10min，然后用 1 000mg/kg 扑海因和 100mg/kg 赤霉素溶液处理的办法，其防腐效果最好，用 1 000mg/kg 特克多或扑海因、苯来特溶液加热到 54℃浸泡 10min，也有明显效果。然后在室内摊放一昼夜，使其“发汗”。然后，用湿布擦净果面，分级包装。用 100mg/kg 赤霉素溶液浸泡 10min，可通过延缓果实后熟来控制早先潜入的炭疽病原菌的发展。有试验表明，杧果经 100mg/kg 赤霉素处理，可延迟成熟 12d 左右。

杧果采后主要害虫是杧果实蝇和杧果种子象虫。可用 20ml/kg 的二溴乙烯在 20℃左右温度下，密闭熏蒸 2h。

（二）分级

任何商品鲜果都要分等分级，出口的商品果要求更严格，可先按果实的外观分等，再按大小分级。

1. 按商品标准要求分级

商品杧果要求成熟而不过熟，果形端正，形状和大小较一致。表皮光滑，颜色鲜明，没有病斑和害虫叮咬伤痕及其他损害，果肉无硬块或白斑。以完全没有斑痕和损伤者为一等（或优等）；没有严重损伤（仅少数果实有轻微疤痕）为二等。凡受果实蝇或吸果夜蛾及蒂腐病为害者，或炭疽病斑多的果实均不能作商品果。

2. 按品种类型和果实大小分级

在同一箱果中品种应相同。按品种果的重量做如下分级。

①金煌杧、白象牙杧和大白玉杧等大果型品种以 400g 以上为一个等级；以下每差 50g 为一个等级，即 399~350g、349~300g、299~250g 和 249~200g 等几个等级。

②贵妃杧、青皮杧和紫花杧等中果型品种以 300g 以上为一个等级；以下依次为 299~250g、249~200g 和 199~150g 为一个等级。

③椰香杧、台农 1 号等小果型品种以 150g 以上为一级，120~149g 为二

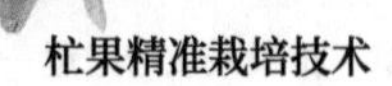

级，80~119g 为三级。

等级的划分有时并不能代表质量的等级。有人喜欢大果，有人喜欢小果。划分这些等级可方便顾客选择，也使每箱果差异不至太大。

（三）包装

适当的包装，不但有利于延长杧果的贮藏寿命，防止水分蒸发和机械损伤，还有利于提高杧果的商品档次，增加经济效益。

经过热水处理分级的杧果晾干冷却后，采用以下 3 种方式进行单果包装。

1. 内包装

一般用白纸或 0.1~0.2mm 厚的聚乙烯薄膜进行单果包装。

2. 外包装

目前，国内外包装多用竹筐，装筐时要求用包果纸、报纸或稻草衬垫，果实要分层放好，层与层之间垫以填充物，防止机械损伤。国外多采用纸箱包装，或塑料托盘并分格，每格放 1 个果实。近年来，我国也有许多单位采用带通气孔的瓦楞纸箱包装。目前有 2 种装箱方法。一种是将单果直接摆在果箱内，每箱装 40~60 个为宜，重量 10~15kg，纸箱分 2 层，2 层之间用纸板隔开，每层又分 20~30 个小格，每格放 1 个杧果，格子大小应与果实大小相吻合。另一种是先将单果用纸包好，再将单果装入大的塑料袋内，每袋 10kg，再放入纸箱内，扎紧袋口，并封盖纸箱。装果用的瓦楞纸必须具有一定的抵抗力。纸箱两端的侧面一般开上直径 1.5~2cm 的圆孔 4~8 个，以增加箱内的透气性。

3. 礼品包装

礼品包装用的纸箱一般为手提式纸箱，要精心设计外观，力求做到精美、醒目、小巧、方便，杧果果实上贴上精美的商标，以起到美化的作用。净重以 3~5kg 为宜，每箱装 12~20 个杧果。注意包装的一致性，同一包装容器内的杧果产地、品种一样，质量和大小均一。包装内可见部分的果实应和不可见部分的果实相一致。

对于包装容器，应符合质量、卫生、透气性和强度要求，保证杧果适宜处理、运输和贮藏。包装（或散装）容器要求不能有异物和异味，不会对产品造成污染。

三、贮运

杧果为浆果状核果，属跃变型果实。由于生长于热带、亚热带地区，故对低温比较敏感。一般在 10℃左右即出现冷害，而高温则加速其腐烂，密封又易变质出现异味。因此，贮藏杧果的适宜温度既不能高也不能低，一般以温度 12~13℃为佳，相对湿度为 85%~90%。杧果成熟期正值高温多雨季节，青色时采摘，在常温下迅速后熟，长期以来，新鲜杧果的贮藏和运输都是生产上的一个重大问题。另外，杧果冷敏性强，不耐低温，在低温环境中易出现冻害；而高温环境则加速了果实的腐烂，密封又易加速变质。因此，杧果贮藏寿命极短。

杧果具有如下的贮藏特性：呼吸高峰型、乙烯敏感型，促进呼吸强度的乙烯生成量为 1.0~10 μl/（kg · h）。乙烯作用值为 0.04~0.4mg/kg，最低安全湿度（冷害临界温度）约为 10℃；冻结温度：0~0.94℃，含水量 81.4%；冷藏条件一般为温度 10~12℃，相对湿度（RH）为 85% ~90%，时间 2~3 周。由于乙烯会加速杧果的后熟衰变，贮藏保鲜时应注意，采用低温贮藏时要尽量保持贮果环境中空气的新鲜，避免通风不良以及乙烯的不利影响。采用气调贮藏亦尽可能地使用乙烯吸收剂，排除乙烯对气调贮藏效果的不良作用。

杧果的适宜后熟温度为 21~24℃，高于或低于这个范围均难得到良好结果。温度超过这个范围会使后熟的果实风味不正常，如温度低于 15.6~18.3℃，虽亦可使果实有良好的着色。但果肉有酸味，需再放到温度为 21~24℃下成熟 2~3d，使其甜味增加，改善品质。

杧果的贮藏寿命极短，不同杧果品种耐藏性差异较大，其中海南吕宋、云南象牙、象牙 22 号、黄象牙、秋杧、桂香等品种较耐贮藏，泰国杧果不耐贮藏。耐藏果实经防腐处理在冷藏条件下贮期 2~4 周，因此杧果的贮藏保鲜必须从多方面入手，进行综合保鲜。

1. 杧果的贮前处理

杧果采后必须尽快地贮藏，为提高贮藏效果，贮前应进行适当处理。用于贮藏的杧果要选无病虫害的无伤好果，将选出的好果进行清洗，去掉污迹及果柄溢汁。在洗果的同时最好结合防腐杀菌处理，可以防止炭疽病、蒂腐病的发生。试验表明，用1%醋酸溶液洗果或用52℃热水浸果10min均效果较好。若用52℃，500mg/kg苯来特或特克多热溶液浸果效果更佳，对炭疽病防效率达95%以上。也可用1 000mg/kg苯来特或特克多浸果。浸果后捞出，摊开晾干，再选果包装贮藏。

2. 杧果的贮运

果实采回后，先在室内摊放一昼夜，使其“发汗”。然后，用湿布擦净果面，分级包装。先用软而薄的干净果纸单包装，再分层装在木箱、纸箱或竹筐内。装箱前，先在箱底垫上稻草、纸屑，然后再放杧果，层与层之间用纸屑填充，以防果实在运输途中挤压受伤。一般每箱装5层，外销的装2层。青色的杧果必须及时运输、防腐、保鲜，否则会造成大量腐烂。保鲜运输车在13℃条件下长途运输，经7d后果皮变黄。因此，果实的处理和运输必须严格安排好，在果实软熟之前抵运销售目的地。

综合国内外资料可知，抑制呼吸高峰的措施有以下几方面。

（1）低温贮藏　适当的低温能延长杧果的贮藏寿命。但温度不能过低，贮藏青熟果如低于8℃果皮会出现皱缩，在常温下难再催熟，并致使果味酸、无香味、品质差。根据国际贮藏导则（ISO 1980）提出：贮藏青熟果以9~13℃，85%~90%的相对湿度条件下较好。各品种间对低温的忍受力不同，吕宋杧7~10℃经15d会受冻害；而泰国白花杧在10℃的环境下20d会受冻害。具体方法是：将适时采收的无伤好果，用清水洗净果柄伤口的溢汁，再用52℃的500~1 000mg/kg苯来特水溶液浸果50min并晾干。用透气的棉筋纸逐个包裹，仔细装箱或放在果筐内，箱筐内应垫上干草，装果量以15~20kg为宜。置20℃的通风环境下散热1~2d，然后转入15℃的室内（或库内）存放1~2d，再置10~12℃的环境下贮藏，保持相对湿度在85%~90%。

（2）气调贮藏　将经过防腐杀菌处理、预冷发汗后的好果，用聚乙烯薄膜袋单果密封底包装，利用其自身呼吸形成低氧和较高二氧化碳的气体成分，延缓杧果的后熟衰变过程，可延长杧果贮运时间2~15d，贮藏期达1个月左右。但应注意贮藏结束时应去掉聚乙烯薄膜小袋，以防止发生二氧化碳伤害。贮后杧果需在21~24℃条件下后熟，改善其品质和风味。贮藏中氧含量若达8%左右，二氧化碳6%左右，则效果好，若二氧化碳含量超过15%，杧果不能正常转色和成熟。另外，在贮藏杧果的薄膜袋中放些乙烯吸收剂—高锰酸钾载体，可以提高贮藏效果。。

（3）利用乙烯吸附剂减少贮藏环境的乙烯浓度，可延缓呼吸高峰的到来　通常用饱和高锰酸钾溶液处理珍珠岩或蛭石，放入杧果中作乙烯吸附剂。

（4）杧果用 2.5 万 rad 照射　可抑制后熟时多酚氧化酶的活化和果胶分解酶的活性。使成熟期延迟 16d。菲律宾和印度的杧果出口都采用辐射杀虫。杧果用 60krad 照射，对维生素 C 和胡萝卜素没明显的破坏，如在低温、低氧下进行辐射处理，可以更多地保留营养成分。

杧果经过辐射处理在 13℃贮藏比对照组延迟 40d 成熟，在 20℃贮藏延迟 10d 成熟。Rad 射线辐射设备须配有辊射源（如钴 60），辐射源贮存设备（贮源水井），辐射源驱动设备，物品的自动运送设备及具有防护屏蔽的照射室等。

四、催熟

一般采用人工催熟来促进后熟，采用催熟房来催熟杧果，在催熟房内温度控制在 22~25℃，通风良好，采用稻草催熟，单层排放果实，每层果间用稻草隔开，用此方法后熟果整齐一致，果色鲜艳，一般在 22~24℃室温下 2~3d 即可催熟。另外，乙烯利和脱落酸处理加速杧果后熟，并可导致可溶性糖含量上升，从而改善品质。

乙烯利是一种植物生长调节剂，主要起到催熟的作用，主要用于棉花，但也有不小水果批发商用乙烯利催熟水果或者蔬菜，如香蕉、杧果、草莓、番茄、西瓜和黄瓜等，一般使用过乙烯利的水果必须当天就卖掉，否则就坏了。

乙烯利属低毒农药，是一种植物生长调节剂（俗称“催熟剂”），在水稻、番茄、香蕉等催熟中广泛使用。但该物质具一定毒性和腐蚀性，不同的植物使用的乙烯利量不相同，其次，处于生长中植物和采摘下来的果实使用也不一样。

用人工催熟水果时，少量使用乙烯利对人体健康不会有太大影响。目前还没有听说因使用乙烯利催熟水果，导致食用者中毒的情况出现。但若过量使用乙烯利，将会影响人体健康。“乙烯利”的毒性一般需要一个多月才能完全挥发，若达不到这个周期，有毒物质将残留在果实内。

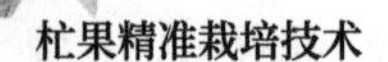

目前，催熟水果无处不在，食用前，应当认真清洗水果。如有可能，最好多买时令水果，少吃反季水果。

（一）如何辨认催熟杧果

看果皮，自然成熟的杧果，外观颜色不会很均匀。而催熟的杧果大多数是在小头顶尖处呈现翠绿色，其他部位果皮均发黄；闻果香，自然成熟的杧果比催熟杧果的香味会更加浓郁。个别催熟杧果还有异味；用手摸，自然成熟的杧果有硬度、有弹性，催熟的杧果比较软。

（二）杧果的食用方法

第一，洗净杧果（成熟的），用小刀左右切片，然后在片上用小刀划成小菱形的方块，将已切划好的杧果向上翻，盛于水果盘中，即制成了漂亮的杧果片。

第二，将果肉削皮，切片，用牙签取食。

第三，可去皮，将果肉切成碎粒，放入凉糖水中便成为生杧果汁，这种果汁含丰富的维生素 C，清爽适口（甜、酸度因人而异，可用糖调至适度）。但这种果汁应随调随喝，或放冰箱保存。

第四，杧果除主要作鲜果直接消费外，熟果和未熟果也可加工成糖酱果片罐头、果酱、果汁、饮料、蜜饯、脱水杧果片、话杧、盐渍或酸辣杧果等。

第五，过熟的杧果也可以发酵制取酒精或醋酸。叶可作药用或清凉饮料。种子可提取蛋白质、淀粉（作饲料）、脂肪（配制糖果或作肥皂）。

五、利用

杧果主要作鲜果出售，在菲律宾，除整个鲜果出售外，还有出售半个或一小块（杓形）果肉给旅馆或餐厅；印度和巴西等国也有出口杧果肉的。杧果还可加工糖水果片、果汁、果酱、肉泥、蜜饯、盐渍和制酸辣泡菜等。近年也有把八九成熟的杧果在未软熟前就用来制果汁鲜销的。在我国台湾省也有将熟杧果肉制作“寿丝”等食品的。印度用杧果肉制成杧果奶粉。利用是多方面的，果实发育期有大量的落果也可利用。可把落果洗净，用 5% 的食盐水浸泡 1~2d，捞出洗净，再用 60% 的食糖液煮（或浸泡）即可食用；或将盐渍的果片晒干，再用糖精、甘草水浸泡，晒干，再浸再晒干，反复几次即成甘草果干。

第八章
杧果病虫害防治

一、病虫害防治的原则

病虫害防治必须贯彻“以防为主、防重于治”的原则。因此，在日常的栽培管理中要紧扣预防或减少病虫害发生这根弦。

1. 选用抗病品种

某些地区某种病、虫害发生较严重，如有些地方白粉病或蒂腐病发生严重，某些地区流胶病发生较严重。在这样的地区，则不宜选用对这些病害敏感的品种，而选用耐病或较抗病的品种。

2. 加强施肥（特别是钾肥）管理

增强植株抗病力。

3. 搞好果园地面除草、排出积水和树冠修剪工作

创造一个上下通风、透光的生长环境，消除病虫害滋生的温床。冬季清园、修剪枯枝病、虫枝，并把这些枝条烧毁；根圈松土，树干涂白等，都有防虫防病作用。

4. 药剂防治要抓早抓少

在可能发生某种病虫害的季节，发现苗头则应及早防治。如开花结果期，看到有叶蝉出现即应及早喷药，哪里发现就向哪里喷药，在病虫害发生初期即应将其消灭，不要等到发展严重才喷药。一些病害与天气变化密切有关，如抽梢、抽花时期下雨、最易感染炭疽病。因此，要密切注意天气预报，如花期有冷空气南下的预报时，则应及早喷药预防。

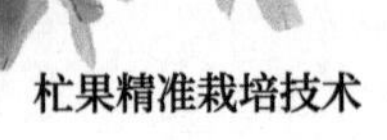

二、主要病虫害防治方法

（一）主要病害防治方法

杧果病害很多，较常见或严重的主要有杧果炭疽病、杧果白粉病、流胶病、枝枯病、细菌性黑斑病和杧果灰斑病。贮藏性病害有炭疽病，蒂腐病与酸腐病。

1. 杧果炭疽病

为世界性病害，杧果植区都有发生。主要为害杧果嫩梢，花序和果实。受害的部分开始时出现黑褐色的小斑点，其后扩大为不规则的褐斑，严重时导致落叶或枯花，为害果实则造成落果或烂果；轻则使叶片皱缩，畸形或果实表皮粗糙。在潮湿的环境下，病部常见粉红色的孢子堆。多雨地区（或雨天）发病严重，干旱地区（或旱时）发病轻或不发病。

（1）*病原与症状识别* 杧果炭疽病是杧果的重要病害，由胶孢炭疽菌 *C. gloeosporioides* Penz 引起。杧果炭疽病主要为害杧果的嫩叶、嫩梢、花和果实，造成生长期叶斑、梢枯、落叶和落花落果及贮藏期果实腐烂。在嫩叶上，初期出现褐色小点，四周有黄晕，病斑扩大后形成圆形、不规则形水浸状的小斑点，逐渐扩大或几个病斑融合后可形成大的枯死斑，病部易脱落或形成穿孔，病叶皱缩扭曲。在成熟叶片上，病斑为圆形或多角形黑褐色病斑，后期病斑可多个融合而成大病斑，使得叶片部分枯死。嫩稍受侵染后出现淡黑色下陷病斑，以后发展为灰褐色斑块，病斑可环绕嫩茎或纵向扩展，若环绕嫩茎一周，可使病部以上枝条枯死。花期感染花穗出现暗褐色小斑，小斑可汇合成不规则大条斑，最后引起花穗变褐干枯，常导致落花。在幼果上，初期出现针状小褐点，后病斑扩大汇合而成大的黑色坏死斑，果实脱落。果实近成熟期，初期出现针状小褐点，后扩大为圆形或近圆形深褐色凹陷斑块，多个病斑汇合成为不规则的大斑，全果逐渐腐烂。在潮湿时以上病部常出现许多橙红色分生孢子团，后期转为黑色小颗粒。

（2）*侵染来源与发生特点* 该病初侵染源主要来自树上的病叶、病枝和落地的病叶、枯枝和病果上的越冬菌丝体。嫩梢及花期，越冬的病残体上产生大量的分生孢子，随风和雨水传到花穗及嫩梢上。该菌可进行潜伏侵染，贮藏期果实的侵染来源主要是果实在采收前被潜伏侵染的病原菌。炭疽病病菌的分生孢子在水膜中萌发，产生芽管，形成吸器侵入寄主组织；20~30℃的气温伴以高湿有利于该病发生，发病最适温度为25~28℃、相对湿度在90%以上，植株幼嫩组织有利于该病的为害。每年的春季嫩梢期、花期和幼果期，若遇上湿暖大雾天气易造成该病严重发生，大量为害嫩梢、嫩叶、花穗和幼果。杧果炭疽病的发生与品种的抗病性有关，台农1号、紫花杧、粤西1号等为抗病品种；杧果炭疽病的发生与产区的气候条件有关，温度偏低、湿度偏大地区发病严重；对杧果采后贮运期间炭疽病的发生，其与采前果园防治水平、采收果实成熟度、采收时果实的健康程度有密切关系，果园管理水平高，带菌量少、光滑、无伤的果实贮运期炭疽病发生较慢且轻，采收时已带病的（如细菌性角斑病、煤污病、烟煤病等）果实贮运期发病特别严重且快。

（3）防治策略

① 选用抗病优良品种。选用台农1号、紫花杧、粤西1号等优良抗病品种。

② 搞好田园清洁及树体管理。及时清除果园地面的病残体，果实收获后及春季开花前，结合枝条修剪，彻底剪除带病虫枝叶、僵果，撒上适量的石灰，挖沟深埋，或集中销毁，以降低果园虫源和菌源；去除多余枝条，改善林间通风透气。

③ 根据杧果的不同生育期发病及枝条修剪等农事操作情况，及时喷洒杀菌剂，控制田间病害为害及预防剪口感染导致回枯。

④ 重点做好梢期和花期及挂果期的病害防治工作。加强田间巡查，掌握好花蕾期、嫩芽期及花期、嫩梢期发病情况及时进行药剂防治。在花蕾期、花期及嫩芽期、嫩梢期，干旱季节每10~15d喷药1次，潮湿天气每7~10d喷药1次。在挂果期间每月喷药保护1次，直至采前15d左右停止喷药。夏季高温施药时应避开中午高温及控制好使用浓度，避免对果实造成药害。

⑤ 及时进行果实采后处理。果实采摘后24h内立即处理，首先剔除有病虫害及机械损伤的果实，用清水或漂白粉水洗果实表皮，其次采用保鲜药剂结合热水处理，即在52~55℃浸泡处理10min左右，浸泡时间应根据果实品种和

成熟度而异，或用防腐药剂浸果 1~2min 处理。晾干后在 13℃以上低温或常温贮藏。

（4）主要杀菌剂推荐

① 用 1% 等量式波尔多液于修剪后喷洒植株，预防剪口感染回枯。

② 使用咪鲜胺、氢氧化铜、多菌灵、甲基硫菌灵、百菌清和多硫悬浮剂等喷洒嫩梢、叶片、花（果）穗及果实。

③ 使用异菌脲、噻菌灵、抑霉唑、咪鲜胺和咪鲜胺锰络化物等药剂进行采后浸果处理。

由于杧果炭疽病抗药性强，并且很容易产生抗药性，所以药剂要交替使用，不要连续多次使用同一种药剂，以免产生抗药性。另外，当杧果花穗的磷钾含量处于较低水平时，容易感染炭疽病，并且感病后药剂防治的效果不明显，如果在药液中加入 0.3%~0.5% 磷酸二氢钾水溶液，或 800~1 000 倍星朋磷钾一号水溶液同喷，则能增强抗病能力，并加快患病花穗恢复正常生长。

2. 杧果白粉病

在海南省、广东省、广西壮族自治区和云南省均有发生。多发生于开花结果期，感病后先出现白粉状病斑，继而病斑逐渐扩大、融合，形成一层白色粉状物；花序受害后，花蕾停止发育，花朵停止开放，花梗枯死，幼果受害后果实畸形，褪色，脱落。也为害嫩梢而导致嫩叶皱缩，脱落。其孢子萌发时对温度和湿度适应范围很广，但以 22℃和 80% 的相对湿度下萌发最快。在海南省 2—4 月发生与流行，如遇连续阴雨或大雾，夜间冷凉则流行加快。品种不同感病也不同，在海南省，椰香杧发病比较严重。

（1）病原与症状识别　杧果白粉病是由杧果白粉菌 *O. mangiferae* Berthet 引起的杧果重要病害，主要在杧果花期、幼果、嫩叶、嫩梢期为害，可造成大量的落花、落果。花期受感染花穗小梗上初时病斑呈浅褐色条斑，病部表面常见白粉状物，病斑沿小梗韧皮部环绕扩展而造成环缢，梗上花朵、幼果相继脱落，严重时主花穗梗和侧梗均可发病，全穗花朵、幼果脱落，最后剩下主侧枝。春梢发病，嫩叶常出现扭曲、畸形，常会引起大量落叶，发病初期叶片背面可见白色粉状霉层。

（2）侵染来源与发生特点　初侵染源来自老叶或残存花枝。当春季温、湿条件适宜时，在感病枝梢、花梗、叶片和果园杂草等上的病原菌即可产生大量分生孢子，通过风力、气流和昆虫等传播到新抽生的花序、嫩梢、嫩叶和幼果上为害。小花梗、花萼最易感病。该病流行迅猛，感病 2~3d 后，表生菌丝产生大量孢子，受害部位出现一些分散的白粉状小斑点，以后逐渐联合成斑块，形成白色绒粉状病斑。如此反复传播侵染，病害发生严重时整株呈白粉色。病原菌对温度的适应性不强，低温和高温对其发生不利，低于 12℃或高于 33℃时，病菌的繁殖力和侵染力明显减弱直至全部丧失，20~25℃适宜该病的发生与流行；病原菌对湿度适应性较强，虽喜阴湿，在杧果花期，特别是盛花期，相对湿度在 80% 以上时，其孢子萌发率很高，在大雾和降雨频繁时，病菌繁殖侵染迅速，病情上升快，发生为害重，但在气候较干燥，空气湿度偏低的条件下，该病菌仍可侵染为害成灾。暴雨或连降大雨，不利于该病菌的繁殖和侵染，且有一定的抑制作用。品种对该病发生有影响，秋杧、吕宋杧和粤西 1 号等黄色花序品种较抗病，红杧、象牙杧等紫色花序品种较感病。

（3）防治策略　选用抗性品种。选用秋杧、吕宋杧和粤西 1 号等黄色花序品种，在春季阴雨天较多的地区尤其需要。

清洁田园，适量修剪。铲除果园内寄主杂草，剪除树冠上的病虫枝、干腐枝、旧花梗、浓密枝叶，使树冠内空旷通风透光并保持园间清洁。花量过多的果园可适度人工截短花穗、疏除病穗。

花期至幼果期、嫩梢期定期施药防治。

（4）主要杀菌剂推荐　使用硫黄胶悬剂、硫黄、多菌灵、甲基硫菌灵、代森锰锌、多菌灵、三唑酮和腈菌唑等喷洒花序、幼果和嫩梢嫩叶。

3. 流胶枝枯病

为害杧果枝、茎，引起枝条流胶，皮层坏死，变形，直至枯死。特别是台风后，枝条受风吹扭，产生伤口，更有利于病菌侵害。发病的枝条（或幼茎）先出现褐色病斑，后变黑色，裂皮，流胶，削开皮层可见红褐色的条斑，继续扩大，导致死皮，枯枝（幼苗整株枯死）。这种真菌为害果实，导致果实蒂腐病。防治方法：剪除枯枝，集中烧毁，对刚发病流胶的枝条用刀削开病部涂上 10% 的波尔多浆保护，有一定的疗效；对发病的幼苗，拨除病株，集中烧毁，并用1%波尔多液、40%多菌灵200倍液或75%百菌清500倍液喷雾保护，每隔10d喷1次，连续2~3次可收良效；在果实收获前喷1%波尔多，采果后用600~1 000mg/kg苯米特热药液（52℃）浸泡5~10min，或用6%硼酸热药液（43℃）浸3min有预防果实蒂腐病的效果。

4. 细菌性黑斑病

又称杧果细菌性角斑病。我国海南省和广东省都有发生，主要为害叶片、枝条和幼果。

（1）病原与症状识别　该病是由黄单胞杆菌采纳杧果致病变种 *X. campestris* pv. *mangiferaeindicae*（Patel et al）Robbs et al 引起的杧果重要病害，主要为害杧果叶片、枝条、花芽、花和果实。在叶片上，最初产生水渍状小点，逐步扩大变成黑褐色，扩大病斑的边缘常受叶脉限制呈多角形，有时多个病斑融合成较大的病斑，病斑表面稍隆起，周围常有黄晕，叶片中脉和叶柄也可受害而纵裂；在枝条上，病斑呈黑褐色溃疡状，病斑扩大并绕嫩枝一圈时，可致使枝梢枯死，在果实上，初时呈水渍状小点，后扩大成黑褐色，表面隆起，溃疡开裂。病部共同症状是：病斑黑褐色，表面隆起，病斑周围常有黄晕，天气湿度大时病组织常有胶黏汁液流出。另外，在高感品种上还可以使花芽、叶芽枯死。此病为害而形成的伤口还可成为炭疽病、蒂腐病菌的侵入口，诱发贮藏期果实大量腐烂。

（2）侵染来源与发生特点　果园病叶、病枝条、病果、病残体、带病种苗及果园内或周围寄主杂草是杧果细菌性角斑病的初侵染源。病菌可通过气流、带病苗木、风、雨水等进行传播扩散。病菌从叶片和果实的伤口和水孔等自然孔口侵入而致病。病原菌发育的最适温度为20~25℃，高温、多雨有利于此病发生，沿海杧果种植区，台风暴雨后易造成病害短时间内流行。秋梢期的台风雨次数和病叶率，与次年黑斑病发生的严重程度呈正相关，可以作为病害流行的预测指标。常风较大地区、向风地带的果园或低洼地发病较重，避风、地势较高的果园发病较轻。目前，主要杧果品种对细菌性黑斑病的抗病性有一定的差异，但没有免疫的品种。

（3）防治策略

① 加强检疫，防止病原菌随带菌苗木、接穗和果实扩散。

② 清洁田园合理修剪。清除落地病叶、病枝、病果并集中烧毁或深埋；秋季果园修剪时，将病枝叶剪除，春季结合疏花、疏果再清除病枝病叶和病穗，并集中烧毁；剪除浓密枝叶，花量过多的果园应适度人工截短花穗使树冠内空旷通风透光。

③ 营造防护林。在常风较大或向风的果园应建防风林，降低大风造成伤口而加重病害发生。

④ 加强水肥管理，增强植株抗性及整齐放梢。

⑤ 梢期叶梢转绿前定期喷药防病护梢，每次台风等暴风雨后喷药保护。

5. 杧果灰斑病

多发生于老叶，在叶缘发生不规则的灰褐色病斑，尤其以幼苗期发病较多。病害严重时导致叶片全落，甚至植株枯死。缺肥、缺水或土壤瘦瘠的情况下发病较重。其防治方法：

（1）加强管理　增肥增水，提高杧果树的抗病力。

（2）发病时清除病叶　集中烧毁。

（3）喷施农药　喷施70%百菌清500~1 000倍液或1%波尔多液有疗效。喷施代森锌，代森锰等也有效。

6. 霜疫霉病

真菌病害。花期主要病害之一，特别是遇低温、阴雨天气发病严重，称黑穗病。其防治方法如下。

（1）加强管理　增肥增水提高杧果树的抗病力。

（2）防治药剂

① 12.5%禾果利2 000倍液+50%霉克特800倍液+2%加收米500倍液喷雾。

② 12.5%特灭唑2 000倍液+53%金雷多米尔600倍液+3%克菌康1 000倍液喷雾。

③ 70%甲基托布津800倍液+50%安克3 000倍液+88%水合霉素500倍液喷雾。

7. 煤病和烟霉病

真菌病害。

初侵染源来自枝条、老叶。此病的发生与叶蝉、蚜虫、介壳虫和蛾蜡蝉等同翅目昆虫的为害有关。这些害虫在植株上取食为害而在叶片、枝条、果实、花穗上排出“蜜露”，病原菌以这些排泄物为养料而生长繁殖从而造成危害。叶蝉、蚜虫、介壳虫和蛾蜡蝉等发生严重的果园，常诱发煤污病的严重发生。树龄大、荫蔽、栽培管理差的果园该病发生较严重。

（1）症状与识别　叶片、果实、花序感病后，形成一层黑色霉状物。

（2）防治策略　注意控制虫口密度，定期防治叶蝉和红蜘蛛。

8. 蒂腐病

真菌性病害。有 3 种症状：蒂腐型、皮斑型和端腐型。

（1）病原与症状识别　杧果蒂腐病是为害杧果果实的重要病害，在采前及贮藏期间均可发生。引起杧果蒂腐病的病原主要有 3 种，分别为杧果小穴壳蒂腐霉 *D. dominicana* Pet. et Cif.、杧果球二孢霉 *B. theobromae* Pat. 和杧果拟茎点霉 *P. mangiferae* Ahmal，所引起的蒂腐病也分别称为小穴壳属蒂腐病、杧果球二胞霉蒂腐病和拟茎点霉蒂腐病。杧果蒂腐病除为害果实外，还可为害杧果嫁接苗接口和修剪切口而引起苗枯和回枯。

① 小穴壳属蒂腐病。该病在贮运期可引起蒂腐、皮斑和端腐 3 种类型病斑，蒂腐尤为常见。蒂腐型：发病初期果蒂周围出现水渍状褐色斑，然后向果身扩展，病健部交界模糊，病果迅速腐烂、流汁，果皮上出现大量墨绿色（分生孢子器）的菌丝体，湿度低时可见分生孢子器上产生白色或浅黄色的孢子角。皮斑型：病菌从果皮自然孔口侵入，在果皮出现圆形、下凹的浅褐色病斑，有时病斑轮纹状，湿度高时病斑上可见墨绿色的菌丝层，病果后期可见许多小黑点（分生孢子器）。端腐型：在果实端部出现腐烂，其他症状与褐皮斑型相同。该病还可为害枝条引起流胶病，侵染杧果嫁接苗接口和修枝切口可引起回枯。

② 杧果球二孢霉蒂腐病。病果初时果蒂褐色、病健交界明显，然后病害向果身扩展迅速，病部由暗褐色逐渐变为深褐色至紫黑色、果肉组织软化流汁，3~5d 全果腐烂，后期病果出现黑色小点。该病还可为害枝条引起流胶病，侵染杧果嫁接苗接口和修枝切口可引起回枯。

③ 拟茎点霉蒂腐病。初时在果柄、果蒂周围组织出现浅褐色病变，病健

部交界明显，病斑沿果身缓慢扩展，病部渐变褐色，果皮无菌丝体层，果肉组织和近核纤维中有大量白色的菌丝体，果肉组织崩解，后期病果皮出现分散表生的小黑点（分生孢子器），孢子角白色或淡黄色。该病还侵染嫁接苗接口而引起接穗枯死，侵染植株主枝、枝梢引起流胶病，侵染叶片引起叶斑枯。

（2）侵染来源与发生特点　初侵染源为果园病残体及回枯枝梢和病叶，在适合的温湿条件下，病残体及回枯枝梢和病叶大量释放分生孢子，通过雨水、风、劳动工具等进行传播。对于果实，分生孢子随风、雨水等而扩散到果实表面，孢子萌发而通过果实伤口或气孔侵入果皮，在果实生长期，病菌菌丝体在果皮中呈潜伏状态。果实采摘时，果柄切口是病原菌的重要侵入途径。随着果实的成熟病菌活力渐强，并在贮运期表现蒂腐。对于嫁接苗和田间枝条，嫁接口及修剪切口是重要的侵入途径，病原菌随雨水、风及劳动工具而侵染。杧果蒂腐病菌喜温湿，高温高湿条件有利于病害的发生，最适合的发病温度为25~33℃。常风较大的果园、暴风雨侵袭后病害发生重。

（3）防治策略

① 重视田园清洁。及时清除果园病残体，减少初侵染源。

② 注意果园修剪、嫁接和果实采收操作。果园修剪和嫁接时，应在晴天进行，修剪时应尽量贴近枝条分叉处下剪，可避免回枯；采果应安排在果园没有露水时进行，果剪应锋利，在果柄离层处 1cm 处剪下，果实小心轻放，放置时果蒂朝下，减少胶乳污染果面。

③ 使用药剂进行预防处理。田间嫁接苗嫁接存活后及植株枝条修剪时，使用药剂进行预防；在田间从果实开始膨大开始，间隔 10~15d 喷施 1 次药剂保护，直到采收前 15d 左右停止喷药。果实采摘后 24h 内应立即用药剂或药剂加热水处理。

（4）主要杀菌剂推荐　使用氢氧化铜、多菌灵、甲基硫菌灵、百菌清和多硫悬浮剂等处理嫁接口和修剪切口。

① 使用氢氧化铜、多菌灵、甲基硫菌灵、百菌清和多硫悬浮剂等喷洒花（果）穗及果实。

② 使用异菌脲、噻菌灵、抑霉唑、咪鲜胺、咪鲜胺锰络化物等药剂进行浸果处理。

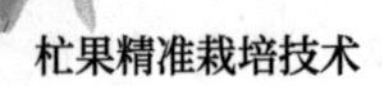

9. 叶焦病

此病为生理性病害。主要发病原因：一是营养失调，病叶绿色部分全钾含量高，引起叶缘灼烧；二是根系活力受到不良气候条件影响；三是湿度低，温度高及干热风加速叶片蒸腾导致水分失调而叶焦。其防治方法如下。

加强肥水管理，勤施薄施腐熟农家肥，尽量少用化肥，干旱季节常淋水，保持树盘潮湿。

10. 杧果藻斑病

（1）侵染来源与发生特点　初侵染源来自杧果带病的老叶和枝条，果园周边寄主植物上的病叶、病枝等也可成为该病的初侵染源。在植株上，一般树冠发病由下层叶片向上发展，中下部枝梢受害严重。温暖高湿的气候条件，适宜于孢子囊的产生和传播，降雨频繁、水量充沛的季节，藻斑病的扩展蔓延迅速。树冠和枝叶密集，过度荫蔽，通风透光不良，果园发病严重。生长衰弱的果园也有利于该病的发生。雨季是该病的主要发生季节。该病还为害油棕、橡胶、胡椒、茶、荔枝、龙眼等多种热带和亚热带作物。

（2）防治策略

① 加强果园管理。重点抓好大龄树的合理修剪，提高果园通风透光度，降低果园湿度，营造不利于该病发生的环境条件；合理施肥和增施有机肥、增强树势和抗性。

② 及时清除病枝落叶，并集中烧毁，消灭侵染源，减少本病的发生。

③ 在发病初期，病斑还是灰绿色尚未形成游动孢子之前喷施药剂防治。

（3）主要杀菌剂推荐

使用 0.5% 等量式波尔多液、氢氧化铜和瑞毒霉锰锌喷洒叶片和枝条。

（二）主要虫害防治方法

1. 杧果横纹尾夜蛾

俗称梢螟或钻心虫。其幼虫似螟虫，蛀食嫩梢及新抽出的嫩花序，导致枯梢、枯序，影响生长和开花。其防治方法如下。

（1）每年冬季清园　在杧果树的缝隙、残桩腐木及土表搜集虫蛹，并在树干上捆缚稻草或椰糠、木屑等，引诱其幼虫化蛹，8~10d 搜捕 1 次，消灭早蛹。

（2）化学防治　在嫩梢或花序刚露出 1~3cm 时喷杀虫剂毒杀，然后每隔 10d 再喷 1 次，连续 2~3 次。主要杀虫剂有 90% 敌百虫、50% 速灭威、20% 杀虫畏（剂量 800 倍剂）、40% 乐果或氧化乐果（800~1 000 倍液）、50% 稻丰散（200 倍液）等，均有防治效果。其他如杀螟松、敌敌畏、磷胺和灭百可等也可应用。

2. 杧果扁喙叶蝉

它为害花穗和幼果，导致落花落果、歉收甚至失收，并诱发严重的煤烟病。它也为害芽、嫩梢和叶片，造成芽和叶片畸形。

通常在开花期发生较多。湿度大，树冠郁闭更易引发本虫，在海南常常由于本虫为害而致颗粒无收。这种虫的形态有点像稻田的浮沉子。防治方法：在花期密切注视虫情。此害虫发生时由于叶蝉的跳动，故在果园可听到如下雨时的沙沙声。一旦发现虫害应立即喷药防治。主要杀虫剂如下。

① 50% 叶蝉散（粉剂），50% 杀螟松乳油，50% 稻丰散乳油，25% 亚胺硫磷，50% 杀螟腈乳油和 50% 的马拉硫酸（1 000~1 500 倍液）。

② 20% 速灭杀酊 2000 倍液。

③ 25% 西维因可湿性粉剂，15% 残杀威乳油（500~800 倍液）。

④ 20% 害朴威乳油，20% 速灭威乳油（600~1 000 倍液）或 40% 乐果 +80% 敌敌畏乳油（均为 800 倍液）的混合液。

⑤ 10% 高效灭百可 4 000~6 000 倍液。在常年发生（或已发生）叶蝉较多的果园，在花序伸长时喷药预防，开花后再喷 1~2 次。

3. 柑橘小实蝇

国内外杧果产区多有发生。我国海南省、云南省、广东省和广西壮族自治区均有发生，有些地方还相当严重，导致大幅度减产。

果实蝇（小实蝇）比家蝇稍小，身有黄黑色斑纹，雌成虫尾部有产卵器刺入果实皮下产卵，经 1~2d 孵化出幼虫，在果肉内取食活动，经为害的果实几天后落果，严重时为害率达 30%~40%。如果收获的果实带有虫卵，收获后果实也因虫害而腐烂，不能食用。

害虫在接近成熟期为害果实，此时喷杀虫剂收效甚微。国内外介绍很多诱杀成虫的方法，但实际收效不大。最成功的防治方法如下。

① 收获前 30~35d 用旧报纸或白纸制袋套果，能有效地预防果实蝇和吸果夜蛾为害。

② 在收获季节检查果园，收集受果实蝇为害的果实集中毒杀、深埋，减少虫口密度。

③ 在果实发育后期喷 90% 敌百虫或除虫菊 800 倍液，每 10d 喷 1 次，但在收果前 15d 必须停止喷药。

此外，国外还介绍在熟果期（或果蝇发生期）用黏蝇纸毒杀成虫或用丁香酚诱杀雄虫。

4. 杧果脊胸天牛

在华南各杧果种植区都有发生，尤以海南省最为严重。天牛成虫灰褐色至黑褐色，成虫体长 23~36mm，宽 5~9mm；幼虫黄白色，长 50~70mm。幼虫钻蛀木质化的枝条和树干，导致小枝枯死，枝干易折断，植株未老先衰，产量严重下降；幼龄结果树受害严重时导致植株枯死。其防治方法如下。

① 毒杀幼虫。幼虫在树枝（干）上为害时间长，可达 18 个月，应经常检查杧果树，发现有虫洞时，可用蘸有敌百虫或乐果稀释 100 倍的药液，或汽油的棉球堵塞基部的 2~3 个排粪孔。但药棉球必须堵入中心通道，再用湿泥封闭洞口，便能杀死在内为害的幼虫。

② 在 5—7 月间。天牛成虫大量飞出交尾产卵，可组织捕杀成虫的铲除卵块。

③ 为害严重的植株其枝条多断折，应及早截枝（干）更新。锯下的带虫枝条应集中烧毁，不能堆放。

5. 杧果瘿蚊

海南省、广东省和广西壮族自治区都有其为害。瘿蚊是双翅目瘿蚊科一种很细小如蚊的昆虫，成虫体长仅 1.0~1.2mm，幼虫长约 2mm，黄色，蛆状。主要是幼虫为害嫩叶、嫩梢，受害嫩叶显现白点，后成褐斑，穿孔破裂，叶片卷缩，甚至枯萎脱落。

防治杧果瘿蚊方法如下。

① 在新梢抽生发芽时喷速灭杀酊或 2.5% 敌杀死 2 000~ 3 000 倍液。

② 90% 的敌百虫加 40% 的乐果各 600 倍液，或 40% 水胺硫磷以及 25% 喹硫磷 1 000 倍液也可。7~10d 喷 1 次至新梢老熟为止。

6. 象甲类

杧果切叶象甲分布较广，成虫取食杧果嫩叶，导致叶片干枯，或雌虫在嫩叶上产卵，并将嫩叶从基部咬断，影响植株生长。防治方法如下。

① 在嫩梢生长期间，对受害株每 3d 捡拾 1 次被咬断的落叶，晒干烧毁，杀灭幼虫（或虫卵）。

② 在嫩梢生长期每隔 7d 喷药 1 次，用 40% 乐果乳油 1 500 倍液；90% 敌百虫 1 000 倍液；25% 杀虫双 500~800 倍液和 2.5% 的敌杀死 2 000~3 000 倍液均可。

7. 蚜虫和介壳虫

为害嫩梢、花序和果实，并引发煤烟病，也影响产量和质量，应及时防治，可喷氧化乐果或敌敌畏 800~1 000 倍液，每隔 7~10d 1 次，连续 2~3 次。

8. 蓟马

主要为害叶片和嫩梢。

防治蓟马常用农药品种如下。

48% 乐斯本、52.25% 农地乐、20% 好年冬、40% 毒丝本、40% 灭多威、2.5% 雷司令、12.5% 保富、18.6% 富锐、10% 蚜虱净、10% 江灵、25% 阿克泰、3% 菜农乐和 3% 赛特生。

9. 红蜘蛛

杧果主要害虫，主要为害叶片、嫩梢和幼果。

防治红蜘蛛常用农药品种如下。

9.5% 螨即死、20% 扫螨净、25% 阿维虫螨、1.8% 虫螨克、1.8% 阿巴丁、20% 灭扫利、12.5% 保富、10% 天王星、20% 螨克星和 34% 大杀螨。

10. 果肉象甲

幼虫蛀入果肉取食。

防治果肉象甲农药配方如下。

① 5% 菜喜 1 000 倍液 +12.5% 保富 4000 倍液喷雾。

② 10.3% 见大利（Bt）1 000 倍液 +18.6%，富锐 5 000 倍液喷雾。

③ 25% 灭幼脲 2 000 倍液 +2.5% 雷司令 1 500 倍液喷雾。

11. 红腊蚧

主要为害叶片和枝条。

防治红蜡蚧常用农药配方如下。

① 52.5% 农地乐 800 倍液 +12% 杀虫双 200 倍液喷雾。

② 50% 库龙 1 000 倍液 + 加倍杀喷雾。

③ 25% 速介杀 1 000 倍液 +12% 杀虫双 200 倍液喷雾。

此外，尚有杧果重尾夜蛾、白蛾蜡蝉和绿刺蛾等也为害杧果嫩梢与嫩叶，发现时用一般杀虫剂如敌百虫、乐果等都可防治。

参考文献
REFERENCES

杜邦，潘宏兵 .2006. 芒果幼树科学定植与精心养护 [J]. 攀枝花科技与信息（4）：33–36.
杜宁 . 2014. 芒果主要病虫害及防治 [J]. 热带农业工程（3）：4–6.
郭成忠，杨学顺 . 2016. 芒果嫁接育苗技术 [J]. 中国农业信息（22）：102.
华敏，郭利军，邓会栋，等 . 2017. 海南芒果反季节早熟栽培管理模式及对其他芒果产区的启示 [J]. 中国热带农业（1）：19–23.
黄艳 . 2008. 中国台湾省南部选育出芒果新品种 [J]. 世界热带农业信息（5）：6.
南楠，傅再军，徐靖丞 . 2017. 我国芒果产业发展问题探析 [J]. 云南农业大学学报（社会科学版）（3）：80–84.
罗大益，张渔秀 . 2007. 海南芒果生产实用技术及生产中出现的问题探析 [J]. 农技服务（8）：105–124.
李日旺，黄国弟，苏美花，等 .2014. 我国芒果产业现状与发展策略 [J]. 南方农业学报（2）：875–878.
刘德兵，刘国银，陈业渊，等. 2013. 土壤管理方式对贵妃芒果与台农芒果叶片及果实的影响 [J]. 中国南方果树，42（6）：69–73.
刘德兵，魏军亚，刘国银，等. 2012. 海南省芒果力化栽培途径探讨 [J]. 中国南方果树，41（6）：83–85.
刘德兵，魏军亚，刘国银，等. 2011. 贵妃芒与台农芒树体水分周年变化规律研究 [J]. 中国南方果树，40（3）：63–66.
刘国银，魏军亚，陈业渊，等. 2015. 土壤含水量对芒果果实采后品质的影响

[J]. 贵州农业科学，43（11）：127–130 .

刘国银，于恩厂，魏军亚，等. 2014. 2 个芒果品种的叶片含水量与土壤水分的关系 [J]. 江苏农业科学，42（2）：124–126 .

刘国银，魏军亚，刘德兵，等. 2015. 水分对芒果叶片、产量及果实品质影响的研究进展 [J]. 热带农业科学（10）：1–5.

马蔚红，等 . 2003. 芒果无公害生产技术 [M]. 北京：中国农业出版社 .

农学明 . 2016. 山地芒果高产优质种植技术的思考 [J]. 南方农业（27）：5–6.

潘启城 . 2010. 芒果嫁接技术及嫁接苗管理 [J]. 中国园艺文摘（2）：132–133.

徐磊磊 . 2016. 芒果生长过程中常见病及其防治建议 [J]. 世界热带农业信息（8）：53–54.

张世才 . 2012. 论芒果挂果树生产周期施肥与病虫害防治技术 [J]. 现代园艺（9）：58–59.

张艳玲，谢铁，徐志 . 2013. 我国芒果标准现状与标准化生产对策分析 [J]. 热带农业科学（12）：88–92.

张乔伟，倪元发 . 2011. 低产芒果园改造技术措施 [J]. 云南林业（4）：56.

周骏声 . 2012. 台湾芒果良种引种及其栽培技术 [J]. 福建热作科技（1）：32–36.

Debing Liu，Junya Wei，Guoyin Liu，et al,.2015.Effects of the Different Soil Water Content on the Postharvest Quality of Mango Fruit [J]. ICASS，478–485.

Junya Wei，Guoyin Liu，Debing Liu，et al,. 2017. Influence of irrigation during the growth stage on yield and quality in mango（Mangifera indica L.）[J]. PLoS One. 60–66.

Liu Debing，Liu Guoyin，Wei Junya，et al,. 2011. Research on RWC Variation Regularity of “Jinhuang” Mango（Mangifera indica L.）[J]. Academic Conference on Horticulture Science and Technology.262–268.

附件 1

杧果周年管理要则

1—2 月

为杧果花序发育和开花时期，中心工作是保护花序正常发育和开花，促进传粉受精与坐果。

（1）及时喷药　防炭疽病、白粉病、横纹尾夜蛾和扁喙叶蝉。

（2）灌水　促进花朵发育和正常开花。

（3）在花序生长发育期　喷洒生长调节剂、尿素液等以提高两性花的比率；盛花后期喷保果剂或叶面肥保果。

3 月

为小果形成与发育期，中心工作是保果。

（1）施好谢花肥　促进果实发育。

（2）结合喷药　喷施 0.5%~1% 的尿素或硝酸钾、叶面宝、增产灵、保果素、爱多收等保果剂，每 7~10d1 次，连续 2~3 次。

（3）3 月下旬　第二次生理落果后开始修剪果梗及影响或有可能伤害果实的枝叶。

（4）灌水保果　天气干旱时每 10~15d 需要灌水 1 次。

（5）严密注意病虫害情况　及时喷药防病防虫（特别是重尾夜蛾，尺蕉、毒蛾、介壳虫蚜虫等）。

如果花期延迟至 3 月，则 3 月期间的工作按 1—2 月的工作执行。

4 月

早花树（品种）已达稳果期，果实进入迅速膨大与充实阶段，中心工作是

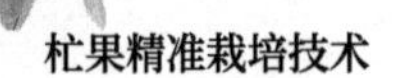

壮果、护果保丰收。

（1）月初施壮果肥　每株施硫酸钾150~250g，尿素100~150g。也可喷施1%的磷酸二氢钾或2%的硝酸钾等。

（2）修剪过密枝和影响果实发育的枝条　增加树冠通风透光度；疏除病虫果、畸形果和发育不良的果；有2个果黏靠在一起的应除去1个（或用纸袋隔开）。

（3）继续灌水　保果增收。

（4）套袋护果　提高果实的商业品质。套袋前先对果实喷洒杀虫剂与杀菌剂混合液。

5月

接近或达到果实成熟，中心工作是保安和采收准备工作。

（1）做好收获准备工作　联系销售渠道。

（2）结果过多　树势衰秃的植株，应通过根外追肥复壮树势，并短剪未结果的枝条促进夏抽萌发。

（3）注意防治和捕杀天牛　发现有果实蝇或切叶象甲为害者，检拾虫害果实和落叶，集中掩埋、毒杀（或烧毁）。但此时不得喷农药。

（4）秋杧等迟熟品种　需要进行套袋护果。

6—7月

此时，中迟熟品种收获与早熟品种采后处理应同时进行。

（1）继续做好　采收、贮藏以及销售工作。

（2）采收后的果园　需要进行采后修剪与施果后肥。

（3）采后植株抽梢　要及时喷药防虫防病。

（4）做好预防　继续检查与防治天牛。

8—9月

此时海南省各地一般已收获完毕，重点工作转入采后管理和催花工作。

（1）继续做好采后　修剪、施肥、除草、扩穴、压青工作。

（2）喷杀虫、杀菌剂　预防病虫害，确保秋梢。

（3）计划翌年4月前收获者　需进行催花处理（此项工作7月底8月初完成）。

10—11 月

做好花芽分化前的修剪、施肥和病虫害防治工作。

（1）疏剪树冠内的病虫枝，纤弱枝，交叉重叠枝，徒长枝和过密枝　一枝多梢者只保留 2~3 条生势均匀、位置适当的枝条，其余疏除；此时一般枝条不宜短剪。

（2）加强田间管理　施好催花肥。

（3）对该结果而多年未结果、且生势壮旺的树采取措施　可通过主枝环刈、环剥、扎铁丝和断根控水等措施，或喷促花剂促进花芽分化。

（4）继续防治虫害　加强天牛预防工作。

11—12 月

花芽相继萌动、发育，此时的中心工作是预防病虫害，保护花穗健康成长。

（1）当花芽萌发后，立即喷杀虫剂与杀菌剂　重点预防杧果横纹尾夜蛾和炭疽病；密切注意白粉病和咬食花序的害虫。

（2）除净果园的杂草，修剪枯枝、病枝和残桩　搞好果园环境卫生。

（3）雨季结束后　树冠下浅松土、盖草，减少土壤水分蒸发。

特别说明：本工作要则根据海南省杧果生产区（西南部和南部地区）制定，中部和北部物候期推迟，作业也相应推迟。而同一地区不同年份或不同气候小区也不尽相同。一切作业按物候期采取相应措施。

附件 2

杧果栽培管理月历

1 月

1. 节气

小寒、大寒。

2. 气候特点及对杧果的影响

主要出现低温干旱天气为主。低温易造成枝梢受冻。

3. 物候期

相对休眠期。

4. 中心工作

促进春梢萌芽和树冠整形。

5. 栽培技术措施

（1）追肥　1 月中下旬给未结果树追肥 1 次，每株施尿素 0.25~0.6kg 或粪水 20~ 30kg。

（2）灌水　摘除早花。当花序长至 10~15cm 时，自花序基部摘除（不戴帽）或用枝剪在母枝顶端下方一寸处剪断。

（3）对弱树和摘花后的植株进行追肥　为花芽分化、花芽复抽提供养分条件。追肥方法：每株用复合肥 0.2~ 0.3kg 对水淋施。

（4）摘花后措施　用 1 ∶ 1 ∶ 100 波尔多液或 70% 甲基托布津 1 000 倍液喷洒消毒防病。

（5）控花　上、中旬用多效唑 400~800mg/kg 对准备萌动、初期顶芽变圆的果树喷树冠。

（6）催花　对难成花品种或未进入花芽分化的植株进行催花，具体方法：用爱多收 3 000 倍液喷灌。

2　月

1. 节气

立春、雨水。

2. 气候特点及对杧果的影响

以低温干旱天气为主，对杧果花芽分化有利。早花被摘除后，复抽花芽能力强。但长期干旱会影响花芽萌发或使花序细弱、发育不正常、授粉坐果率低。在 2 月开花，达到授粉受精温度指标的年份只有 10%左右。

3. 物候期

花芽分化、萌动，花蕾形成。

4. 中心工作

催花，灌水、追肥。

5. 栽培技术措施

（1）上旬继续摘除早花　由于长 10~15cm 的花序将于 2 月底至 3 月初开花，易受倒春寒影响，摘花后喷 0.2％的磷酸二氢钾 2 次，每次间隔为 7~10d。

（2）中、下旬进行灌水施肥　促使花芽萌发，每株施 0.2~0.5kg 的复合肥。

（3）下旬用 1 ∶ 1 ∶ 100 的波尔多液喷冠预防炭疽病　白粉病则用 45％的超微粒硫黄胶悬液 300 倍防治。钻心虫、蚜虫、短头叶蝉用 40%乐果 800 倍液或 25%速灭杀丁 2 000~3 000 倍液喷杀。

3　月

1. 节气

惊蛰、春分。

2. 气候特点及对杧果的影响

以低温干旱天气为主，但气温变化幅度大而且频繁，雨水开始有分布；新

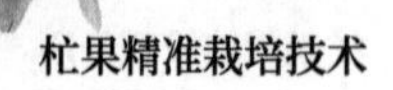

根萌发、新梢生长；花芽分化、复抽能力逐渐下降，出现混合芽，有时出现花芽返梢现象。3月如遇长期连续的干旱，会影响芽体萌发。

3. 物候期

花蕾发育、开花、坐果期。

4. 中心工作

催花、保花。

5. 栽培技术措施

（1）催花　上、中旬用1%~2%硝酸钾溶液喷冠2次，隔10d喷施1次。对因干旱无法抽发新芽的母树，要进行灌水或喷水。

（2）保花壮花

① 花蕾期灌溉或连续喷水15d。

② 在花蕾期用0.15%硼砂+3 000倍液爱多收+0.1%~0.2%尿素混合液喷冠2~3次，每次间隔7~10d。如能施放1次腐熟人畜粪水更好。

③ 花序长15cm时截顶，控制花序伸长。

④ 对丛生花序进行疏花。

（3）防治苍蝇　上旬用潮湿猪粪堆放于果园引诱和繁殖蝇类、中下旬开花时在行间撒放猪牛粪，或在冠内挂放死鱼烂虾以引苍蝇上树。

（4）农药防病虫害　用40%氧化乐果1 000倍液+15%“8817”1 500倍液+40%敌敌畏1 000倍液防治象甲、毒蛾等害虫。炭疽病用1 000倍液施保克或1%等量式波尔多液防治，白粉病用药与上相同。

（5）预防落花　已开花树在谢花后用50~70mg/kg防落素树冠喷雾1次保果。

4　月

1. 节气

清明、谷雨。

2. 气候特点及对杧果的影响

气温迅速回升，雨水逐步增多，对杧果开花授粉受精有利，但严重高温干旱则不利于授粉受精。

3. 物候期

开花期、坐果期及果实生长期。

4. 中心工作

保花保果。

5. 栽培技术措施

（1）干旱严重时灌溉或喷水抗旱　喷水应在 8：00~10：00 或 17：00~18：00 进行。

（2）开花期发生虫害时　只对受害植株或枝条用药，以便保护蝇类。其他病虫害防治同 3 月。

（3）在 3 月开始　对未结果大树和老弱树进行截杆复壮更新工作。

（4）保果　谢花后 5d 用 50~70mg/kg 防落素，以后每隔 10~15d 共 1~2 次用 20~30mg/kg“九二〇”加 1%白糖混合液喷冠。

（5）4 月下旬施 1 次复合肥　每株 0.25~0.5 kg（视开花、结果多少定施肥量），以保果壮果。施肥时必须坚持对水淋施。

（6）坐果后全面防治炭疽病　用药和使用方法与 3 月同。

（7）摘梢　结果树在新梢长 5~10cm 时摘除。

5　月

1. 节气

小夏、小满。

2. 气候特点及对杧果的影响

以高温高湿天气为主，有利枝梢生长和果实膨大。

3. 物候期

果实膨大期。

4. 中心工作

保果壮果。

5. 栽培技术措施

（1）疏果　疏去过密、病虫和畸形果。

（2）追肥　上旬进行 1 次根外追肥，用 0.2%浓度的高效复合肥。

（3）防治　用 1%等量式波尔多液喷冠防治病害。

（4）套袋　在果实大如鸡蛋时进行纸袋套果。套袋前先用 1 000 倍液施保克喷果，采用旧报纸袋进行套袋保果。

（5）修剪

① 对 9 龄以下的结果树，剪去交叉枝、病虫枝、弱枝，短剪无果枝。

② 对不结果的树，则采用重剪回缩压冠的方法。

③ 对 10 龄以上的老年树，并已封行密闭的果园，实行隔行砍伐或隔行间伐，每亩控制在 20~25 株以内。

（6）继续控抹夏梢　防止徒长。

（7）注意防治毒蛾、蚜虫、短头叶蝉、白蛾蜡蝉等害虫　毒蛾用 800~1 000 倍液敌敌畏、短头叶蝉、白蛾蜡蝉用敌百虫、氧化乐果各 1 000 倍液防治。

6　月

1. 节气

杧种、夏至。

2. 气候特点及对杧果的影响

气温较高、降雨多，以高温高湿天气为主，有利于果实发育和枝梢生长，但也易于病害发生和蔓延。

3. 物候期

果实发育、成熟期。

4. 中心工作

防治病虫害、保果。

5. 栽培技术措施

（1）综合防治病虫害

① 75%百菌清 600 倍液 +90%敌百虫 800 倍液 +0.5%尿素稀释液。

② 25%施保克 1 000 倍液 +75%百菌清 +0.5%尿素稀释液。

以上 2 个配方交替使用 2~3 次，间隔时间 5~7d。

注意：凡要采收的果实，必须在采收前 15d 停止用药。

（2）继续进行老果树的更新工作

（3）密植平地果园的结果树　在上旬短截或疏去树冠中上部无果且遮挡中下部果实受光的密枝、强枝。

（4）采收无胚果　减少营养损耗。

7　月

1. 节气

小暑、大暑。

2. 气候特点及对杧果的影响

7 月是 1 年中最热的月份，雨量丰富，以高温高湿天气为主，有利杧果枝梢生长。

3. 物候期

果实发育成熟期。

4. 中心工作

采收果实、回缩修剪。

5. 栽培技术措施

（1）采收果实　采用“一果二剪”的方法。即先用枝剪在距果蒂 3~5cm 处剪下果实，待剪口停胶后，再在距果蒂 0.5~1.0cm 处剪去果柄。采收宜在连续晴天下进行。

（2）扩坑施基肥　采果后，沿树冠滴水线环状或对边挖施肥沟，然后按每株 15~20kg 农家肥，或桐麸 3~5kg，磷肥 0.5kg，钾肥 1kg 等肥料与表土拌匀施入沟内，杂草复盖树盘保湿。

（3）整形修剪

① 对初产树采用轻剪，将病虫枝、交叉枝、细弱枝、过密枝疏除。

② 对投产多年的老果园采用重剪回缩树冠的办法，即在每个枝条的中下部进行短截，每个枝条保留 4~6 个芽，4~8 张叶，重剪的同时配合施攻梢肥，待新梢抽发后，每枝条只留 2 条新梢，其余抹去，待新梢老熟后进行短截，每梢留 4~8 张叶（4~6 个芽）。

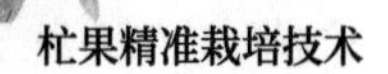

（4）隔行间伐　对严重荫蔽衰老的果园采取隔行间伐的方法。

（5）除草松土　全园进行中耕除草。

8　月

1. 节气

立秋、处暑。

2. 气候特点及对杧果的影响

以高温高湿天气为主，对枝梢生长有利。

3. 物候期

果实成熟期、秋梢萌发期。

4. 中心工作

修剪、促梢、保梢。

5. 栽培技术措施

（1）松土除草

（2）整形修剪　修剪病虫枝、过密交叉枝，并对未结果的枝条进行轻短截，促发秋梢。

（3）施肥　每株施尿素 0.5~1.0kg，在树冠滴水线上开浅沟施，施后淋水，促使秋梢萌发。

（4）出现干旱天气时　要灌水促梢。

（5）迟熟品种果实采收　采收技术与 7 月相同。

（6）防治病虫害保秋梢　用 48％乐思本 1 500 倍液加 2.5％绿色功夫 3 000 倍液喷树冠防治叶瘿蚊等害虫，当秋梢叶片转绿时喷 1 次 1％等量式波尔多液或 12％绿乳铜 500 倍液防炭疽病等病害。

9　月

1. 节气

白露、秋分。

2. 气候特点及对杧果的影响

气温开始下降，但仍以高温高湿天气为主，出现高温高湿天气的年份约占

90%，高温干旱天气约占 10%，对杧果枝梢生长有利。

3. 物候期

秋梢生长期。

4. 中心工作

促秋梢保秋梢。

5. 栽培技术措施

（1）出现干旱天气时　要灌溉促发秋梢。

（2）大田措施　每株施 0.15kg 尿素和 1kg 普钙、0.3kg 的氯化钾，以促发健壮秋梢。

（3）继续修剪　要疏去内膛荫蔽枝、过密枝及病虫枝。

（4）继续加强新梢的病虫害防治　措施同 8 月。

10　月

1. 节气

寒露、霜降。

2. 气候特点及对杧果的影响

冷空气开始影响本地区，气温下降较快，降水量减少，出现高温干旱天气的年份占 68%；高温高湿天气占 32%，出现高温干旱天气为主时，有利花芽分化，花期将提前，若出现以高温高湿天气为主时，有利枝梢生长。

3. 物候期

秋梢生长期。

4. 中心工作

促秋梢保秋梢。

5. 栽培技术措施

（1）促梢灌水　上旬天气干旱时要灌水促梢。

（2）出现高温高湿天气时　每株土施 2g 纯量多效唑，以提高花芽分化率。

（3）防治病虫害　同 9 月。

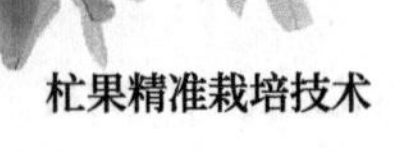

11　月

1. 节气

立冬、小雪。

2. 气候特点及对杧果的影响

以低温干旱天气为主，对杧果花芽分化有利，早熟品种易出现早花。

3. 物候期

秋梢老熟期、花芽分化期。

4. 中心工作

壮梢、清园。

5. 栽培技术措施

（1）壮梢　每株施 0.3kg 氯化钾、0.5~1.0 kg 复合肥促进秋梢老熟。

（2）清园　把原有枯枝落叶及修剪下的枝条叶子集中烧毁，减少病虫害的发生。

（3）施用农药　用 1∶1∶100 波尔多液喷冠，用 1∶3∶20 波尔多浆涂秆。

（4）树盘覆盖　抗旱保湿，覆盖物可用稻草、杂草、绿肥等。

（5）摘除花序　下旬把长至 10cm 的早花序摘除。

（6）疏枝　疏去树冠中内部的密生弱枝。

12　月

1. 节气

大雪、冬至。

2. 气候特点及对杧果的影响

以低温干旱天气为主，对杧果花芽分化十分有利，枝条摘花后，花芽复抽能力强。但由于温度低，对开花授粉不利，难以受精坐果。

3. 物候期

花芽分化、花芽萌动、花蕾期。

4. 中心工作

控制冬梢、摘除早花。

5. 栽培技术措施

（1）人工摘花　摘花应在花序和长至10~15cm时进行，不戴帽摘除，即不留花序基柄。不能在开花阶段摘花，否则会给树体造成很大伤害（如枝条叶片萎软下垂等）。树体恢复期长而且困难，天气干旱时影响更大。

（2）控制冬梢　用1 500mg/kg的85 %青鲜素（四川产）喷梢，共喷2次，两次间隔15d左右。

（3）喷冠　用70%甲基托布津1 000倍液喷冠消毒。

（4）覆盖　没有进行树盘覆盖的果园要进行树盘覆盖。

（5）上、中旬对旺树旺枝进行环剥、环割处理　有以促进花芽分化。

附件 3
绿色食品晚熟杧果种植规程

适用范围：本规程适用杧果的产地环境、产量指标、栽培技术措施、病虫害防治。

一、产地环境

杧果产地必须选择在生态环境好，不直接接受工业“三废”及农业、城镇生活、医疗废弃物污染的农业生产区域；产地区域内及上风向、灌溉水源上游没有对产地环境构成威胁的污染源；产地必须避开公路主干线，交通便利，坡度在 25° 以下，具有可持续生产能力的农业生产区域。杧果园选择与规划必须符合杧果对环境条件的要求。园地年均温在 19.5℃以上，最冷月均温 12℃以上，基本无霜；果实发育期阳光充足；果园土壤有机质含量 1% 以上，土层深厚达 1.5m 以上，土壤肥沃，结构良好，pH 值 5.5~7.5；灌溉水要求水源充足。在常有大风吹袭、冬春霜冻严重的地块不宜建立果园。

二、改土建园

1. 改地

要求选择坡度在 25° 以下的地方，按等高线把坡地改为台地，台地宽 3~4m。

2. 挖定植穴

按株距台地 3m × 4m〔平地（3.5~4m × 4~4.5m）〕，根据地形，每块地选

择方向最宽处拉一基线，在基线与台地交叉处，选从台地外到内的 1/3 处为基点定植穴，然后每一台地按 3m 距离以基点定植穴为准，分别向左右确定定植穴（平地确定行宽 4m）。定植穴深 80~100cm，长、宽各 100cm。

3. 回填、施底肥

要求每穴施枯枝落叶或杂草等有机肥 20~30kg，分层回填，底层为有机肥，先填表土再填心土，第三层另加 5kg 腐熟有机肥和 0.5~1kg 过磷酸钙，要求有机肥与土混匀回填。回填后，定植穴高于台面 10~15cm，做成 1 米见方的定植盘。

4. 特殊处理

当年由于时间紧不能挖窝回填，又急需定植的，按以上株行距定植后逐年扩穴深翻、改土。

三、品种选择

以晚熟品种凯特为主，辅以台农一号、金煌、汤米、吉禄等早中熟品种。

四、定植苗的选择和定植

1. 定植苗的选择

定植苗选择适应当地气候和土壤条件，抗病性和抗逆性强，苗高 30cm 以上，生长健壮，根系发达，无病虫为害的一年生或二年生实生苗。

2. 定植技术

定植前检查定植穴，下沉的，填平填满到原来的位置，在定植穴中央栽植，不能踩压土团。栽植时注意行列要整齐，要求每栽一株浇足定根水，以确保成活。

3. 定植时间

5—10 月，新梢停长时定植。

4. 定植后管理

晴天每隔 3~5d 灌水 1 次直至抽出新梢成活，对未成活的进行补植。成活后，加强肥水管理，水分管理见土肥水管理部分。及时防治病虫害，见病虫害防治部分。进行幼树整形，定植第二年至第三年开始培育树形和嫁接，方法见整形修剪部分和嫁接部分。

定植成活后，在第一次新梢叶转绿老熟后，可施第一次肥，以后按“一梢一肥”的方式进行，每株每次施肥量：定植当年为 0.05kg 尿素；定植第二年为 0.05kg 尿素加 NPK 复合肥（15 ∶ 15 ∶ 15）0.05kg，施肥方法：对清粪水，开浅沟淋施。

五、嫁接

1. 嫁接时间

每年 2—8 月。

2. 嫁接幼树要求

嫁接幼树主枝直径在 2~3cm。

3. 嫁接方法

嫁接采用盖头切接法。

（1）削接穗　靠留芽一面（或留芽侧面）削 45° 斜面，相反面沿形成层倒削长切面（2cm 左右），韧皮部不削断，让其连在接穗上。

（2）削砧木　在砧木平、光滑、高度合适处削一个 45° 斜切面，相反面沿形成层削长切面（2cm 左右，与接穗长切面长短基本一致），韧皮部不削断，让其连在砧木上。

（3）插接穗与捆绑　砧、穗长切面对齐，削开的韧皮部分别搭靠在接穗、砧木 45° 斜切面上，封严、捆紧即可。

4. 嫁接后管理

嫁接后管理的主要目的为确保嫁接成活率，通过嫁接第二年促梢达到初结果的枝叶量，嫁接第三年开始逐步挂果。

（1）嫁接后注意随时进行查看　对未成活的及时进行补接。及时补充水分，具体管理见土肥水管理部分。

（2）嫁接后新梢长至 30~40cm 后进行整形管理　具体见整形修剪部分。

注意防治病虫害，具体见病虫害防治部分。

六、土肥水管理

1. 土壤管理

（1）*中耕除草*　树盘及株间杂草要经常铲除，保持土壤疏松。行间杂草，每年中耕翻压 3~4 次，冬季清园时彻底除草，集中压入果树施肥沟。随着树冠扩大，逐渐扩大翻耕除草范围。

（2）*覆盖*　旱季在树盘进行覆盖，雨季将盖草压入土中。覆盖范围是离主干 10cm 处至树冠滴水线以外 30cm 处，厚度 10~20cm。覆盖材料用杂草、绿肥等。

（3）*间作*　幼树期可利用行间空地间作花生、绿豆等豆科绿肥，间作西瓜，与树冠滴水线距离须在 50cm 以上，必须施足肥料，避免与杧果树争夺肥力。进入结果期后不再进行间作。

（4）*扩穴改土*　嫁接第二年开始，每年 9 月，在树冠滴水线位置开挖长 0.8~1m、深 0.5~0.6m 的环沟进行扩穴改土（每年轮换），压入杂草、覆盖草等绿肥，施腐熟优质农家肥 50kg。

2. 施肥管理

杧果树的施肥以科学配方施肥，增加有机肥用量，逐步达到以有机肥为主，遵循科学、环保和高效的原则进行。

（1）*幼树施肥*　嫁接成活后，从芽接桩抽发第三台新梢开始追肥。每年用肥 2~3 次；施肥量：嫁接当年为每株每次 NPK 复合肥（15：15：15）0.1kg；嫁接第二年施肥量加倍。施肥方法：树盘撒施后淋水。

（2）*初结果树施肥*　嫁接第三年杧果树逐渐进入结果期，到嫁接后第五年，此期间杧果树定义为初结果树。此期间施肥结合杧果树开花期、果实膨大期、采果前后等时期，以雨季压青、冬季进行扩穴改土等方式，逐渐增加有机肥施用量。

① 施肥量。嫁接第三年每次施 NPK 复合肥（15：15：15）0.15kg，嫁接第四年和第五年施肥量根据不同树体枝梢长势和挂果量在每次施复合肥（15：15：15）0.15kg 的基础酌情增减，确保当年果实品质和形成丰产杧果树势。

② 施肥方式。树冠滴水线挖环状沟撒施覆土后淋水。

（3）结果树的施肥　嫁接第五年开始，杧果树进入丰产时期，每年施肥以丰产稳产和高效为原则。以杧果单株产量控制在50kg左右计，单株杧果树年施肥量以纯量计为：氮（以N计）1.2kg，磷（以P_2O_5计）0.45kg，钾（以K_2O计）1.5kg，钙（以CaO计）0.6kg，镁（以MgO计）0.25kg。一年中施肥分为开花肥、壮果肥、采果肥3次进行，3次施肥比例分别为全年施肥量的20%、30%、50%。施肥方式为土施和叶面喷施。

① 开花肥。末花期至谢花时施用。每株施尿素0.1~0.2kg；NPK复合肥（15：15：15）0.2~0.3kg；叶面喷施0.2%~0.3%硼砂和0.2%~0.3%磷酸二氢钾。

② 壮果肥。谢花后30~40d施用。每株NPK复合肥（15：15：15）0.3~0.5kg；钾肥0.5kg；饼肥0.2~0.5kg；粪水1~2次，每株每次15~ 20kg；结合喷药喷0.1%~0.2%磷酸二氢钾或其他叶面肥2~3次。

③ 采果肥。在采果前后施用。每株施优质腐熟农家肥40~60kg；NPK复合肥（15：15：15）0.5~1kg；尿素0.1~0.2kg；钙镁磷肥0.5~1kg；钾肥0.25~0.5kg；石灰0.5~1kg。其中尿素与复合肥在采果前后7d施下，其他肥料在修剪后，结合扩穴改土施。

3. 水分管理

（1）定植　第一年的冬春季每1~2周灌水1次，第二年及以后的冬春季每月灌水1~2次。

（2）在花序发育期和开花结果期　每10~15d灌水1次。

（3）秋梢期　如遇旱每10~15d灌水1次。

（4）在花芽分化期　不灌水，雨水过多、土壤湿度过大时及时排水。

（5）在采收后　及时灌水，促进秋梢萌发和枝条生长，恢复树势。

七、杧果病虫害防治

1. 农事操作要求

要先健株后病株，并注意用肥皂洗手，防止人为传播病菌。

2. 经常进行田间检查

发现病枝、病叶要及时清除，并带出园外深埋或烧毁。

3. 杀虫灯诱杀

田间安装杀虫灯诱杀害虫成虫。每 2~3hm^2 放置 1 盏。

4. 药剂防治

（1）*炭疽病*　选用甲基托布津等安全低毒的农药，以预防为主，每个生长季节控制在 1 次。

（2）*蚜虫、介壳虫*　选用苦参碱等生物杀虫剂，每个生长季节控制在 1 次。

杧果病虫害防治坚持以“预防为主，综合防治”为方针，以改善果园生态环境，保证杧果品质和质量安全为基础，通过综合采用各种防治措施，配合使用甲基托布津、印楝素等“高效、低毒、低残留”农药以及在防治过程中改进用药技术、减少化学农药用量等手段，保证杧果质量达到本合作社杧果质量标准要求，符合国家绿色食品质量安全的规定。

八、整形修剪

通过合理整形修剪，造就合理的树形，确保杧果树丰产、稳产，延长杧果树的结果年限，提高果实品质。结合本合作社实际，杧果树树形采用自然圆头形。

1. 幼树的整形修剪

（1）*自然圆头树形特点*　没有中心干，主枝 3~4 个，每个主枝上有 3~4 个副主枝，树高控制在 2.5m 以内。

（2）*整形修剪方法*

① 定干。定植当年定干，定干高度为：平地 60~70cm，坡台地 50~60cm。

② 培养主枝和副主枝。当苗木长到定干高度时剪顶，选留 3~4 条生长均匀、位置适宜的分枝作主枝（平地留 3 个主枝，坡地 4 个主枝）。主枝要均匀分布在主干周围，与主干的夹角为 45° ~70° 。

当主枝长到 40~50cm 时剪顶，每主枝选留 3 条生长势均匀的二级枝作副主枝。

在培育主枝和副主枝时，根据生长情况在主枝或副主枝上适时进行嫁接。

③ 培养结果枝组。当副主枝长到30~40cm时剪顶，抽枝后选留2~3条生长均匀的三级枝，在三级枝上在以此类推培养四级枝、五级枝，争取在2~3年内培养50~60条健壮的末级梢作结果枝，形成一个多次分枝的自然圆头形树冠。

④ 轻修剪与角度调整。此期间修剪以疏枝为主，及时疏除交叉重叠枝、弱枝、病虫枝等，疏通树冠。各级分枝的角度和方向，可通过牵引拉枝、压枝、吊枝等方法控制，培养出开张树冠。

2. 结果树的整形修剪

定植后，对于肥水管理、病虫害防治到位的杧果树，通过2~3年的整形，树形基本形成。此时，修剪应与树冠的进一步扩大，结果枝数量、质量，连续结果能力等相联系。

（1）采果后修剪

① 行间、株间空隙大的，按整形时主枝、副主枝的处理进一步形成树体骨架，扩大树冠。

② 行间、株间已覆盖或基本覆盖的，修剪目的是创造通风透光的树冠，培育良好的结果枝或结果枝组。其方法主要包括：第一，树冠与树冠间的枝条重叠交叉的，回缩到株间、行间能正常进行果园管理（50~60cm的空隙）的范围；第二，超出2.5m高的延长枝，有空间的回缩到2~2.5m处，过密的疏除；第三，疏除病虫枝、衰弱枝，扰乱树冠空间的徒长枝、交叉枝、重叠枝；第四，在树冠内及时短剪结果枝：8月中下旬以前采果的可根据空间大小、下年结果量多少确定短剪的轻重，空间大、枝组少的短剪轻些，反之重些；9月以后采果的（如凯特），除考虑以上因素外，还可根据枝条轮换结果情况确定短剪轻重，但多采用短剪到抽发有新梢的部位。

（2）生长季节修剪　杧果树的修剪除采果后的一次集中修剪外，在其生长过程中都应根据枝梢生长、分布等情况进行修剪，方法可采用抹芽、摘心和疏枝等。

① 抹芽。第一，重剪刺激后在骨干枝上任何时间萌发的芽，除有空间留下培养枝组的，都应及时抹去。第二，短剪了结果后的结果枝，当梢抽发到6~7cm时，根据短剪的结果枝大小，空间的稀密情况，着生位置等，选留方向恰当的2~3个梢生长，其余的抹去（必须做好病虫害的预防），枝梢的去留遵循抹去强弱梢，留下长势中庸的梢。

② 摘心或剪顶。在 9 月以前留下的枝梢（特别是骨干枝上留下的），当梢长到 50cm 以上没分枝或未停长的，应在 40cm 处进行摘心或剪顶促其分枝，培养枝组，以利结果。

③ 疏枝。采果修剪后，当年抽生的 2 次或 3 次枝，在 11 月、12 月疏去过密枝、纤细枝、病虫为害重的枝，在每基枝上留 1~2 条长势中庸的末次梢作为下年结果枝。除以上时期，也可随时对杧果树上的过密枝、病虫为害重的枝、重叠枝等进行疏除。

④ 4—5 月结合果实的选留，短剪或疏除未挂有果的枝及空果小穗。

⑤ 采用撑、拉、吊等方法协调同株枝条方位、长势等，以平衡树冠各方位长势，达到良好的结果树形。

九、花果管理

1. 疏花蔬果

（1）花期对开花率达末级梢数 80% 以上的树　保留 70% 末级梢着生花序，其余花序从基部摘除，对较大的花序剪除基部 1/3~1/2 的侧花枝。

（2）谢花后 15~30d 内　每条花序保留 2~4 个果，把畸形果、病虫果、过密果疏除。

2. 保花保果

（1）在盛花期和末花期　用 0.1% 硼砂 +0.3% 磷酸二氢钾各喷 1 次，稳果后适当调整着果数。

（2）谢花后至果实套袋前　剪除不挂果的花枝以及防碍果实生长的枝叶。剪除幼果期抽出的春、夏捎。

3. 套袋

在坐稳果后（像鸡蛋大小）进行套袋，套袋前果面喷施 0.3% 印楝素乳油 1 500 倍液和 70% 甲基托布津可湿性粉剂 800 倍液。采收前 30d 停止使用农药。

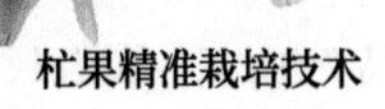

十、采收

杧果采收成熟度根据销售市场远近及贮藏时间长短而定，远销杧果以七至八成熟为宜，就地作为鲜果供应的采收成熟度可高些。

1. 成熟度判断

切开果实，种壳已变硬，将果实放入清水中下沉或半下沉，果实基本成熟。贮运外销的鲜果，有 20%~30% 的果实完全下沉，本地销售的鲜果，有 50%~60% 果实下沉或半下沉时采收。

2. 采收时间

在晴天上午露水干后或阴天进行。

3. 采收方法

用枝剪单果采收，一果两剪；对于成熟度不均匀的树，可分批采收。采下来的果实放在采果篮或塑料筐内，轻拿轻放，尽可能地避免机械损伤。采收后果实放在阴凉处，8h 内进行商品处理。

吕宋杧

白象牙杧

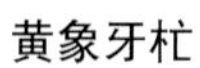

黄象牙杧

白玉杧

大白玉杧

椰香杧

泰国白花杧

金煌杧

台农 1 号

黄玉杧

贵妃杧

秋杧

粤西 1 号杧

紫花杧

桂香杧

爱文杧

海顿杧

吉禄杧

凯特杧

玉文杧

红象牙杧

金穗杧

桂热 10 号杧

象牙 22 号杧

泰国杧

桂热 82 号杧